優雅說　魅力活

成為優雅女人的關鍵

獻給所有女性

關於**形體**、**健康**、**儀態**、**魅力**的觀念書

台灣首位國際形體儀態導師

范玉玲

目錄 *Contents*

1 篇

形體調整

目錄 *Contents*

目錄 *Contents*

下 篇

氣質修煉

成為優雅女人的關鍵─優雅說 魅力活

形體儀態美學文化傳播先驅
改變了無數女人的一生

撰文／范玉玲

• 讓自己成為這份愛與美的傳播者

　　成為優雅女人的關鍵─優雅說 魅力活，學習英國皇室優雅儀態，人人皆可有貴族精神、王妃風範。

　　本書的誕生，我的最初想法是，女人一生都在追求美麗，追求自己的價值以及成長。我也是不例外。多年來跨多國多維度學習研究，從女人的化妝、服裝到穿搭形象、優雅表達、女性魅力綻放，就會發現，對於女人來說，最重要的就是養成一個好習慣、好的選擇、好的行為、一個正向思考，維持時時刻刻落實在當下。特別在這個時代，如果一個女人沒有養成一個健康的習慣，是沒能力去追求自己的美麗，更何況是自己想要的幸福呢！

　　20 多年的經歷中，我一直都在幫助女人變美、變強、變現

（指賺錢能力）的道路上，從化妝師到整體造型師、形象顧問、國際禮儀培訓師，到專業的個人品牌魅力塑造，幫每位平凡女性到女神的養成，一直到現在全然投入形體儀態，直到代理英國皇室 240 多年歷史的皇室貴族學院，成為台灣分院院長，為的就是可以幫助每一個平凡的女人都可以透過學習，擁有西方優雅皇室的儀態、貴族的精神，擁有不一樣的人生；女人的學習與成長是可以影響三代人 (女人成長可以興家望族 / 女人是一個家最好的風水)，影響一個又一個的家庭，一個家庭又影響一個社會，一個社會影響一個國家乃至一個民族。

　　為了可以讓更多的女人認識並學習形體的觀念，透過形體訓練，達到身體歸位、身分歸位、價值歸位、靈魂歸位、生命歸位、透過自身的專業能力幫助女人、影響女人、成就女人。我藉助自身的多年多國多維度的專業以及學習，在學習與美的傳播道路上，讓我有機會接觸到不同的國家、不同的女人，結果發現，有些國家地區的女人對於儀態和形體的學習非常普遍以及熱衷；當然，也有很多國家還沒有這樣的學習觀念、學習資訊和學習機會，我刻不容緩的讓自己成為分享這份愛的學習與美的傳播者。

　　現代社會讓女人都很忙碌，很多人可能沒有太多的時間，沒有太多的金錢，我就是想透過這本書，讓她們透過養成形體

梳理的觀念跟日常養成習慣去修煉自己的形體，將日常碎片化的時間充分利用起來，比如，下班回家的路上、乘坐電梯的時候、坐捷運的時候，任何的短暫空檔隨時隨地都能進行形體的梳理和優雅氣質的訓練，讓她們養成一個好的、正確的習慣學習，讓她們在日常生活中隨時都能變美、變健康、變優雅，變得有氣質、提升自我的魅力綻放。

我認為，女人一輩子必須擁有幾本必須閱讀的、必須收藏的書，而我的這本《成為優雅女人的關鍵——優雅說 魅力活》會從養成學習訓練形體的觀念切入，在日常生活中帶領大家培養優雅的思維、優雅的行為和優雅的習慣，讓女人活出魅力綻放的人生。

在這本書裏，除了形體儀態、優雅習慣、如何活出綻放的魅力等觀念(後面我還會有形體和儀態一系列的訓練書和視頻)，最重要是裡面囊括了我 20 多年來對女性的教育成長、優雅文化美學的精華。閱讀這本書，就會越健康年輕、美麗，受益匪淺，不管你現在幾歲，都能透過這本書重新開啟健康、年輕、美麗、優雅、魅力，遇見全新的自己。

在這本書裡，除了我的專業展示，更有著我對女人的滿滿的愛與祝福，我希望透過這些分享可以滋養你的思維、養成好

的習慣、擁有健康的身體，增進生活的優雅和儀式感，並且值得擁有美麗的生命。如果你現在所處的國家，人們都想學習形體和儀態等相關的觀念與知識，但思想、學習、行動比較落後，那麼恭喜你，因為你非常幸運，你可以讓這種學習和風氣，變成一種不錯的學習習慣，甚至是一份事業乃至一個產業。

如果你所在的地方，沒有機會接觸形體訓練、優雅儀態，這本書絕對不能錯過，必須入門且終身學習的觀念與修煉。

如果你曾接觸過形體訓練，或知道形體訓練，或知道優雅儀態，這本書會更加深層地幫助你，讓你在日常生活中養成行走站坐等正確習慣，儲存健康，保持好身材，擁有優雅魅力多維度的精修。

最重要是，我會告訴女性朋友們，如何才能活出自己的魅力，如何才能遇見最美的自己？這是一本觀念書、工具書，也是一本日記書，更是一本介紹健康與美麗的養成書，我更希望透過自己的聲音，透過影像，讓更多還沒接觸過儀態或還沒接觸過形體訓練的你們，開啟這一份美麗祝福與愛的分享。

作為一名女性教育、魅力、成長、優雅文化美學的傳播者，我認為女人不是 / 不能 / 不該只有一種活法，包括我自己。不管你的原生家庭如何、你的工作經歷怎樣，包括你的婚姻是否和

諧、圓滿，都可以透過這本書，我的專業、我的經歷能幫助你，重新找到最美麗的你和健康的你。這本書不需要名人大咖的推薦，需要的是每個讀過並認同這本書的你們來推薦。因為，你們真實的使用回饋，才是最好的推薦。

雖然不知道你身處在哪裡，但我想告訴你的是：謝謝你翻開這本書。

在這本書裏，充滿了我對你的愛與祝福。如果你願意把閱讀完這本書運用到生活當中，將所獲得的改變收穫分享給我，或分享給妳身邊的朋友，並引導她們接觸到這本書，就是協助我完成了一個又一個愛與美的傳遞。

閱讀這本書讓你擁有女性形體健康、儀態魅力的觀念，你會變得越來越健康，越來越苗條，越來越美麗，越來越有自信，越來越優雅，越來越有魅力，直至找到不一樣的自己，這就是最棒的推薦。

如果你曾跟我一樣，遇到身材肥胖、肩頸酸痛、失去健康、失去美麗、毫無魅力可言、不自信、不快樂、找不到自己的工作方向、事業價值、人生定位等問題，完全可以在這本書中找到答案，找到根治自己的步驟和方法，繼而在日常生活中療癒自己、修煉自己，遇見更好的自己。

　　女人一生想要的一切，必須以健康為根基、美麗為種子、魅力為力量、優雅為前行，在這裡你將可以一次收穫就遇見。

　　第一張照片為 10 多年前的我，被肥胖困擾，有工作、情緒、生活和睡眠的問題。

　　第二張為 10 年前的我，有很嚴重的形體問題，如探頭。

　　第三張為 2019 年的我。

　　人家說歲月是一把殺豬刀，接觸學習優雅儀態，歲月在女人的身上會變成一把美工刀，歲月走過會在你的身上雕刻出你的優雅與美，時光很美讓我們一起前行，優雅的老去。

被肥胖困擾的我　　　　10 年前的我

2019 年的我

自序

最美的時光就在修煉的路上

最美的時光都在修煉的路上。女人一生最想追求的是什麼？我覺得，對於這個答案，即使讓男人、女人絞盡腦汁想一輩子，也未必能想得通透；即使讓不同的女人回答，想得到的答案也會不同。

其實，女人一生想追求的東西，會隨著時間推移而改變；有時候想要的太多反而難以取捨。我倒覺得，無論何時，女人想追求的東西終歸都是殊途同歸。

在年少時，我想追求的莫過於自己的容顏，還有那一份暢快在心底的情感，以及對於未來無盡的想像。青春年少的歲月正是女人如花的年紀，有精緻的五官、白皙的皮膚、婀娜多姿的身材，這些也是我們最想得到的東西。好像只要擁有這三個東西，就能見證自己不負青春。

青春時期，女人追求的是至高無上的愛情，是男人無限的愛慕，甚至會為此不顧一切地去追求、去探索和祈求。跟自己

的愛人許下永世不變的承諾，是每個女人的夢想；跟愛人執子之手、與子偕老，是每個女人最想追求的幸福。

中年時期，女人想追求的就是一顆愜意安靜的心，操勞了半輩子，總想有一份屬於自己的安寧生活。晨時看花開，昏時看日落。遠離照顧兒女的操勞，不必為金錢奔波，不用去看誰的臉色。

年老時期，女人最想追求的是長壽，是拼搏了一生的健康。這時候，所有的激情努力、向上的夢想和銅臭金錢都已塵埃落定，留給女人的內心是淡薄與從容。為了繼續欣賞凡世間的繁華，女人尤其注重自己的身體健康，會用各種保健方式來延續自己的生命。

女人追求的究竟是什麼？答案呼之欲出：幸福。年少時在乎容顏，不過是讓自己更加幸福的源頭；青春時在乎愛戀，也是為了讓自己更加幸福；中年時在乎安寧，是為了讓自己內心更加幸福的和平；年老時所在乎的健康，也是為了讓自己更加幸福。然而，身為女人的我，認為女人一生追求的最美的時光，其實就在修煉的路上。

人生就是一場學習之旅，從呱呱落地，到開始學習每件事情，我們無意識地過著每一天，學習著每一件事情，當我開始

意識到最美的時光就在修煉的路上，也就生活在每個當下。我讓自己去感知生活中的每一刻，去有意識地感受自己的身體、思維和行為，習慣帶著學習的意識去做每一件事情。

多年的經歷和消耗，讓我認識到，女人一生最需要追求的是健康與美麗。健康，是所有幸福的根基，美麗也是所有幸福的底氣，雖然年輕的時候沒有意識到健康的重要性，但到了一定的年齡，我會隨時調整自己的行走站坐，確保自己的每個姿勢、每個動作都處在健康狀態。當然，也就自然散發出優雅的氣質。

我覺得，女人一生所追求不外乎外在美、形象美、語言美、儀態美和心靈美，通過一本有思想、有溫度、有生活、有習慣的形體觀念書，就能教會人們怎樣做一個健康的女人、如何做一個美麗的女人、怎麼樣做一個優雅的女人、如何做一個有氣質的女人，怎樣在日常生活中體現在自己的行走站坐。有意識地感受自己的一言一行、一舉一動，從思維到習慣到行為，都在有意識地進行修煉。

我希望這本書被每個女人所珍藏，且一輩子受用。閱讀這本書，會改變你的思維，改變你對自己的認知，會讓你重新定義自己的生活，甚至生命。

思維決定行為，女人的思路決定了她們的出路。只有先改變思維，才能改變行為，最終改變自己要去的地方。

　　女人一生要追求的是優雅，優雅一種能量，是一種習慣，是一種生活，更是一種行為，更是一種女人不被打敗的狀態。優雅的女人一生都能享受到最美的時光。遇到這本書，你就會有不一樣的未來，可以做一個真正優雅的女人，活成自己生命中的女神。

　　讓我們一起在修煉之路上，優雅前行遇見最美的自己。

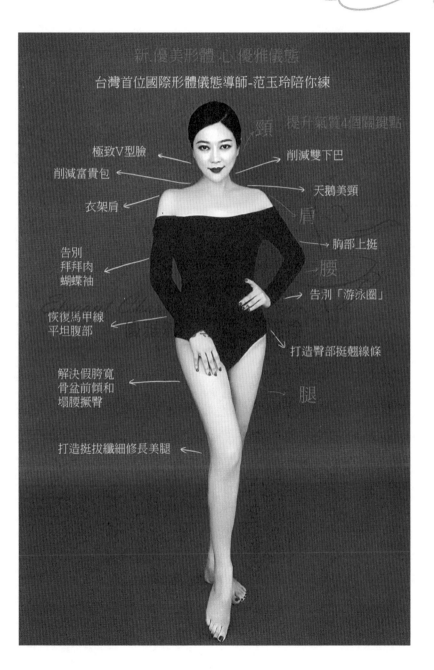

新.優美形體 心.優雅儀態

台灣首位國際形體儀態導師-范玉玲陪你練

頸　提升氣質4個關鍵點

極致V型臉

削減富貴包

衣架肩

削減雙下巴

天鵝美頸

肩

胸部上挺

腰

告別
拜拜肉
蝴蝶袖

告別「游泳圈」

恢復馬甲線
平坦腹部

打造臀部挺翹線條

解決假胯寬
骨盆前傾和
塌腰撅臀

腿

打造挺拔纖細修長美腿

19

女人這輩子到底該學習與追求什麼

　　女人要活的幸福，即使你沒了收入、沒了婚姻，你都要有適度的健康和金錢，才不會影響到自己的生活品質。

　　翻開這本書的姐妹們，我希望你去思考一個問題：女人這輩子到底在追求什麼？追尋什麼？50 年的人生經歷告訴我，女人這輩子就是要不斷地透過學習，實現自我成長，以及改變自己的人生和的命運。

　　如果你是一個愛學習的姐妹，這本書就不可錯過，身為女人是必須要終身學習修煉的。

　　如果你是一個很懶的姐妹，那麼這本書就是你人生必學的女性思維觀點內容之一。只要閱讀這本書，依據書裡面的觀念與方法進行，你就能少掉很多亞健康和痠痛的問題，可以在日常生活中儲存自己的健康資本，灌溉美麗與優雅，當然最重要的還是你的氣質。我認為，女人最可怕的就是在每個當下無意識地去過自己的生活。

透過這本書，我會讓你學習在每個當下如何有意識地感知自己、有意識地感知生活。這時候，女人會覺得人生就像一場馬拉松，每個人都在自己的生命賽道上奔跑著。其實，從來到這個世界上的那一刻起，不管你是否願意，都有一種無形的力量在推著你，邁開大步去追求你精彩的人生。

我很喜歡尼采的一句話：每一個不曾起舞的日子，都是對生命的辜負。日復一日做著同樣的事情，雖然時間很長，但追求進步和升級的同時，你的生命也會顯得很短，值得你好好去細品。

我希望藉由這本書，在有系統、有框架的觀念教導學習下，你能日復一日地不斷學習，即使做著同樣的事情，也可以感知身體的每個部分。例如，你的微笑、你的眼神、你美麗的天鵝頸、你迷人的一字肩，還有挺好的胸型、纖纖玉臂、迷人的小蠻腰、迷人的蜜桃臀，以及又直又美的筷子腿。對於女人，最可怕的是做著毫無意義的努力，卻達不到真正幫助自己的效果。

女人唯有不斷地在生活中的每個當下去修煉自己，讓自己的生命以健康當根基，才能將美麗的年華歲月，在不同的年齡段綻放，才能不辜負生命，不枉此生。我覺得，女人應該有夢想，不管是年齡多大、什麼身份、什麼時代，都要對自己有所追求，

並關注自己，因為夢想會領著你一起前進，夢想會吸引你想要的一切來靠近你。

女人，不管任何年齡與發生什麼事情千萬不要放棄自己。我的志業是，透過上帝的恩賜，即我的專業與經歷，幫助女人提升自己的身心靈，讓她們在不同的年齡綻放出屬於自己的一道光。所以，我希望你在追求美的同時，一定要把健康當根基。因為沒有健康之美，根本美不了一輩子，跟著我一起外修形、內修心，做個優雅又有魅力的女人。

與其追求華服名牌，不如好好地學習梳理自己的形體和儀態。由此，你將會終身穿戴著優雅，散發成一道迷人的光。我的夢想就是希望每一個來到我生命裏，包括現在正在閱讀這一本書的你，能夠收到我的祝福和愛。

在我多年來的形體儀態教學當中，我幫助了無數的女性，改善了身體亞健康的問題，特別是在形體方面，包含長期的肩頸痠痛與腰酸背痛，甚至是骨盆前後傾、骨盆左右旋、脊椎側彎及步行時膝蓋與腳踝的疼痛等。然而，在我的教室內，透過形體訓練，都得到了超乎她們預期的收穫及改善，最重要的是一次學習終身受用。

我有一個學生，多年創業，全身出現了僵硬痠痛等問題，

所以她經常讓人家按摩。好不容易到了退休的年齡，終於有時間解決自己的全身僵硬、肩頸痠痛等問題了，便到當下最流行的健身房去健身。她就把自己對事業的拼搏勁頭帶到了健身房，可是努力了一年後，她的問題不僅沒有改善，原本的痠痛升級成為全身筋膜炎。於是，開始了三年的復健、就醫、治療的可怕迴圈日子，一個禮拜 7 天，她不是在看醫生的路上，就是在國術館、按摩院，或者在物理治療中心。全身的筋膜炎，讓她無法好好睡覺，每天半夜都要被痛醒，你能想像他的生活是如何的嗎？

後來，一次偶然的機會，她走進了我的教室，僅一個上午透過短短的形體梳理、身體歸位，那天晚上就一覺睡到天亮，之後再也沒有痛醒過。上完 4 天課，她還無法相信，困擾她 3 年的筋膜炎，以及困擾她 20 多年的全身肩頸僵硬痠痛等問題，居然就在這短短的的時間裏痊癒了。

另一位學生，她是一名全職家管，由於長年忙於家務以及背負生活壓力，大部分的時間都把自己活得很緊繃，長久之下，身體不堪負荷，健康方面出現了許多問題。首先是頸椎增生，屢屢造成肌肉僵硬疼痛及沉重不舒感，接著是晚上睡覺的時候，兩側膽經時常痠痛，不知道該以什麼樣的姿勢好好入眠，加上過去右手臂長軟骨瘤，開刀之後裝鐵架支撐，痛不欲生，忍受

了長達好幾個月，夜不能寐。透過她第一次為期 4 天的形體儀態課程和線上形體訓練學習，她發現了這些問題都獲得了很明顯的改善，痠痛與僵硬症狀減緩許多，身心是如此地舒適輕盈，睡眠品質也更好了，還意外瘦了 5 公斤。

當身體處於亞健康的狀態，首先一定會造成日常生活的不適，影響睡眠及飲食，最重要的是，會使精神狀態疲憊，做事無法集中。當一個女人沒有穩固的健康根基，便無法追求美麗，無法活出舒服自在的人生。

我也曾經遇過很多學生，長期患有焦慮症、恐慌症或憂鬱症。事實上，心理疾病的症狀，包含自卑，感到恐懼、猜疑，情緒起伏不定，甚至喪失自我和週遭的連結，這些往往來自於我們身體及形體的狀態，要記得，外在的身體與內在的心靈和情緒與安全感有著密不可分的關係。

一位不到 40 歲的女性學員，由於家庭成長環境及個性的緣故，她時常服用安眠藥及抗憂鬱藥物，長達 10 幾年，每天服用將近 20 多顆的藥丸，活生生把自己活成一瓶「藥罐子」。在如此美好的年華，卻讓藥物控制了她的生活，導致腦部無法集中精神思考，無法啟動自身的價值，甚至找不到自己與生命的連結。

　　然而，一次因緣際會下，她走進了我的教室，僅僅透過形體梳理，那天晚上便舒適地一覺到天亮。由於平常身心疲累指數已達臨界點，才讓她在短短一天之間，讓外在肢體及內在情緒，獲得了有效的舒緩與釋放，她更在學習課程結束後，戒掉了仰賴10多年的安眠藥及抗憂鬱藥物。當她再次回到心理門診，她的主治醫師也感到訝異，究竟是做了什麼，為何身心的健康有這麼大的改善？身為一名專業的醫生，他對這位學員在症狀上的恢復嘖嘖稱奇。

　　此外，她更有多囊性卵巢症候群，長期苦於月經失調，透過形體梳理之後，也徹底改善了經期不順的問題。其實就是骨盆不正，骨盆調正了月經就順了也會告別經痛，甚至改善更年期帶來的症狀。

　　後來，這位學員又透過線上形體訓練課程，持續學習。其中包含一項眼球訓練，她每日不間斷地做了一陣子，讓原本患有重度近視的她，度數大幅減輕了，就連眼科的驗光師也感到很不可思議。

　　由於工作忙碌及生活型態的轉變，大多數人無法讓自己真正地放鬆下來，所以許多女性都有早發性更年期的現象。但是透過形體梳理，能夠喚醒我們體內最深層壓力，透過梳理可以

達到消除身體深層的緊張，促進身體循環，重拾女性賀爾蒙，因而改善婦女更年期的症狀，甚至可以效抗衰老，延緩更年期的到來。

一位學生年紀輕輕因工作生活型態，45 歲就停經了，她 53 歲時來到我的教室，僅僅三天內的時間，她發現月經又來了，當下她驚嚇 / 驚喜不已。

另外還有多位學員大多在 50-60 歲開始進入更年期，所有更年期症狀都找上她們，包含停經、盜汗、熱潮紅、失眠及心情低落等情形。然而，課程結束後，她們發現這些症狀都有效緩解了，月經也跟著來了，幾個月後我們持續關心與追蹤這些學生，得知她們的經期還是都準時每月報到，她們回饋給我們，感覺自己像是又年輕了一次。

還有一位學員，自己的先生是一名中醫師，她也長期受到經痛的困擾，多年服用先生開給她的調經中藥。而她僅僅透過第一天的形體梳理，便徹底改善了經痛的症狀。課程結束後，她主動連繫我，說她自己每日都會在家裏，花一點碎片化的時間進行形體梳理，她認為這比吃藥更為有效，從此告別困擾多年的經痛問題。

其實形體梳理對於身體亞健康及身心疾病，特別是身體上

的痠痛或是疼痛，都可以獲得實際明顯的改善。雖然我本身並非醫學人員，但是我自己在形體訓練、形體梳理方面有多年的專業及深入的研究，透過無數的教學經驗當中，我確實幫助了眾多學員，超過近千位女性透過學習形體梳理，在身體健康上得到超乎預期的顯著改善，也正因為我獲得這麼多案例的見證，因此我想要幫助每一個女人養成正確的形體觀念，讓她們好好地與身體做連結，打造良好的健康根基，如果你有嚴重的健康問題，長期看醫生而得不到很好的改善，給自己一個機會來認識、學習形體梳理，你一定會獲得意外的驚喜。

我的學員她們告訴我們，我的一句話讓她們記憶深刻，那就是「選擇不對，努力白費」。所以，姐妹們，我希望你在為家庭、為工作、為孩子、為先生努力奮鬥的時候，也要為自己的健康和美麗而付出。

俗話說，不怕慢，就怕站。逆水行舟，不進則退，包括我們的健康，包括我們的魅力。在這條外修形、內修心的道路上，我每前進一步，就會深深地感受到感恩和幸福。在我的幫助下，我相信，每個女人都能獲得健康，收穫美麗，都能具備優雅的氣質，讓自己的生命得到綻放。

說到底，女人這輩子追求的其實就是內心的一種安全感。

這個安全感來自家庭，來自事業，來自美麗，來自能力。美麗和事業可以給女人帶來自信、勇氣和尊嚴，但是在愛老公、愛孩子、愛家的同時一定要先愛自己，要讓自己成為一個健康、美麗、優雅、自信的女人，成為孩子的榜樣和老公的驕傲。

不少女人在結婚之前是一個公主，結婚之後卻變成了保姆，甚至把家裏的地板擦得比自己的臉都亮。你有沒有想過，你老公要的是保姆，還是優雅的妻子？我想，即使你是單身，就算你還沒結婚，都要保持自己的優雅魅力，不能過早地自我放棄。男人都好色，所以女人就要出色，不能整天圍著老公、流理台和孩子轉，只知道圍著八卦和追劇轉，就會讓你完全沒有了自我，要捨得花點時間和金錢來投資自己的健康和美麗。

女人一成不變，男人就一定會變。所以，一定要讓自己做「三立」的女人，即「思想獨立、經濟獨立、能力獨立」；做「三本」女人，「有本事、有本錢、有本領」；做「三感」的女人，具有「神秘感、新鮮感和距離感」；還要做「三不」的女人，「深藏不露、飄忽不定、琢磨不透」。

同時，還要做個「四養」的女人，即「有修養、懂營養、常保養、重涵養」，讓自己如花般芬芳，如玉般剔透，如水般嬌嫩，如絲般光滑。女人的健康與美麗關係著家庭的幸福以及

社會的和諧。所以,隨著年齡增長,一定要讓自己變得越來越健康,要有一顆愛美的心。

女人,可以沒有美貌,但不能失去變美的決心;可以沒有背景,但一定要有修養和本事;可以沒人寵愛,但一定要學會呵護自己。不管跟誰結婚,做一個手心向下的女人更可以活的幸福,如此,即使你沒了收入、沒了婚姻,你都有適度的健康和錢,才不會影響到自己的生活品質。

女人,一定要隨時隨地投資自己的健康,培養讓自己美麗的能力,不要為了孩子、家庭、先生失去了美麗,更不能為此失去了健康。好的形體儀態完全可以在日常生活中得到鍛鍊和培養,需要我們在日常生活中注意並調整自己的形體,將自己的健康、優雅等無時無刻地體現出來。

創造優雅幸福豐盛的人生,就要通過如下途徑:

金錢:它讓女人經濟獨立的同時人格獨立,活得更有底氣。

學習:它讓女人越來越自信,由內而外散發出知性與涵養。

容顏:它是女人一生最重要的風水。

神態:它是女人風情萬種的核心。

形體:它是健康美麗的根基。

儀態:它是優雅魅力自信的開始。

語態:它是對外溝通的橋樑。

情態：它是避免疾病的最好的藥。

氣態：它是呼吸——控制情緒最好的練習。

心態：它是女人幸福的起點。

狀態：它是女人一切的主宰。

自由：它讓女人可以發自內心地開心和快樂。

情致：它能讓女人開闊視野，陶冶情操。

環境：積極向上的生活和工作圈子，能讓女人找到自己的成長點，不
　　　斷進取。

平臺：它能讓女人發揮無限的潛能，讓生命更加精彩。

信仰：它是一個人精神的歸依，快樂人生的動力。

大愛：它是擁有一切的法寶。

儀態是身體的儀式感

是一場身體正面教育

是一場身體美感教育

是一場效果立馬可見的教育

讀這本書，女人就能：發現自己，修煉身心，綻放自我！

　　身體，是生命能量通道，需要喚醒。我能透過我的教導喚
醒你的身體！形體儀態，不管是對於生長發育期的女性，還是
對於處於成熟期的女性，都有著重要影響。我就是想透過這本
書傳達這樣一種觀念，我會在這本書中喚醒每位女性重視自己

形體與儀態。最重要的是，我想告訴女性讀者朋友，形體的改變不僅是身體的改變，更是健康的改變。我們不只是單純的「美化」與「培養」，而是要用一種溫和的教育促進新時代女性的覺醒。

想獲得優雅魅力歡迎訂閱玉玲老師的YouTube，隨時獲得最新影片！

歡迎各位姊妹佳人加入「優雅女人學，女人學優雅」社團連結 記得加入讓(妳)的美灌溉社團，優雅傳遞。

官方 LINE@　　　　官網　　　　臉書

歡迎掃 QRCODE 讓我們有更多的連結，特別是妳看了這本書的改變。

優雅魅力
女人的價值

> 一個女人最有價值的投資，就是投資提升自己！因為一個越有魅力的女人，就越不會害怕愛情和婚姻的變化！
>
> 如果不努力，一年後的你還是原來的你，只是老了一歲；如果不去改變，今天的你還是一年前的你，生活還會是一成不變。欣賞那些勇於嘗試不安於現狀的人，眼光放遠，努力當下，收穫未來！

Chapter 1

植入別樣思維，做優雅女人

知名女星奧黛麗·赫本曾說：「優雅是唯一不會褪色之美。」女人的優雅美麗來自外表與內在的雙重修煉，二者缺一不可，真正優雅美麗的女人在每個年齡段都會散發出令人心動之美。

《小王子》裏面說：「儀式感就是使某一天與其他日子不同，使某一個時刻與其他時刻不同。」

心理學家榮格說：「正常的身心需要一定的儀式感。」

各位姊妹們，讓自己終生擁有作為優雅女人的思維，送給你們優雅女人可以每日給自己的儀式感，透過優雅慧語，透過美好的文字洗滌你的身心靈。

我一定要優雅美麗，這是我身為女人的標籤。

我想要擁有美麗嘴唇，我要多說讚美的話。

我想要擁有健康，我就要鍛鍊我的形體。

我想要擁有美麗，我就要注意調整我的體態。

透過我的努力我一定可以跟歲月相抗衡，越來越健康越來越美麗。

我可以老去，但我一定要保持優雅，真正的高貴是優於過去的自己。

在這一片充滿愛與感謝下的每天，我要在每個當下做最好的自己。

我要做一個用心修行，用愛傳遞，因愛而生，為美而來的女人，我要對自己的生命負責。

我知道，決定我生命的主因是我自己。

沒有命運，只有選擇，選擇我的正善念頭、美好的語言和正確行為。

沒有命運，只有創造，創造生命的喜悅、生命的美好和生命的神奇！

命運是一個個學習與選擇連接起來的軌跡，命運是不斷創造累積起來的總和。

我知道，愛是一切創造的源泉。

我要用全身心的愛來對待今天，每一個人，每一件事，每一個物，每一個當下的自己。

我要用全身心的感謝，感謝天地萬物，感謝我的父母及我的家人及朋友，感謝我接觸到的每個人、事、物，感謝我的老師，感謝和我一同閱讀這一本書的你／妳，感謝每個出現在我生命中的相遇。

我要用全身心的愛與感謝來迎接美好的今天！

帶著全身心的意念和愛來愛自己透過朗讀、思維優雅傳遞灌溉每一天的自己。

1-1

❧ 優雅的女人都有著與眾不同的氣質 ❧

女人的思維方式決定女人的一生。美人在皮也在骨。皮囊美是天生的，優雅之美卻是骨子裏修煉的。優雅是女人身上最不怕衰老的一種力量，越久越濃。歲月可以帶走青春靚麗的外表，卻帶不走女人內心的那股優雅的力量。

作為女人，改變了思維方式，就能改變命運。轉念的優雅速度決定著個人的幸福。優雅思維是一種能量，實踐優雅是一場生命的修煉，分享優雅則是一種行善。外修形，內修心，女人要相信自己、善待自己，讓自己的生活精彩紛呈。

讓自己過一種優雅的生活 言談舉止越優雅，也能將平易的日子活出好品味。而優雅就是女人對生活最好的儀式感。

•女人的人生＝思維＋心態＋優雅＋魅力

優雅是一種和諧，類似於美麗，只不過美麗是上天的恩賜，而優雅是藝術的產物。女人就是上帝製造的藝術品，用時間這把美工刀在我們身上雕刻，就能成為不懼於年歲的優雅藝術品。

「優雅」這個詞來自拉丁文「eligere」，意思是「挑選」。

我們可以挑選，讓優雅成為生活中不可缺少的東西。優雅，不是從一瓶香水、乳霜中就能找到的東西；也不是名牌包、高級時裝等能提供的商品，而是在人生之路上學習用靜心、勇氣、愛心及豐富的優雅思維在每天每個當下的執行。

好的體態可以讓我們擁有好的精氣神，時刻保持得體優雅，自信而從容，可以賦予我們超越外表、超越時間的氣質，將魅力變成一種永恆。相對應的，即使顏值衣品皆爆表，沒有好的體態，一切也可能歸零。

很多人都誇劉詩詩有氣質，其實她的好體態功不可沒。有多年舞蹈功底的劉詩詩，無論公開場合還是私下被拍，都是那麼挺拔。

女人的魅力不僅是臉蛋與身材的問題，更重要的是需要優美、優雅的舉手投足來展現。而這舉手投足的優雅和優美，用一個詞來概括就是氣質。當然，優雅與氣質是可以通過後天培養形成的，形體培訓就是培養美人氣質的最佳橋樑。

目前，很多女人不知道形體的重要性，而是一味追求身材。豐滿的人想要追求瘦弱的身段，拚命減肥，想要變得骨感；瘦弱的人想要稍微吃胖點，變得稍微豐腴一些，讓人看到有一絲絲的「肉感」。這些女人從來沒有想過，可能不是她們的身材

出了問題，而是她們的形體儀態出了問題。

在這世界上美麗是有方法的，優雅是有系統捷徑的，或許，你與形體儀態優雅，只差了一本書或是一堂課的學習距離。

長期不正確的姿態會導致身體骨骼嚴重變形。比如：頭部前伸，會給頸部以及斜方肌造成巨大的壓迫感，使得背部彎曲，進而在呼吸時影響胸廓的伸展，危害人體健康。身體姿態的扭曲不僅危害健康，對人際關係也會產生一定的影響。學禮儀，就是學做人；學形體儀態，是學做一名優雅的女人。形體、儀態、禮儀傳播的是一種內外和諧的形象美，通過站坐行走，一顰一笑，把內外美好的特質、文化底蘊變成日常生活中的習慣呈現出來。

很多人到法國生活，發現法國女人的生活藝術和自己習慣有著天差地別。法國式的生活藝術顯然更有品質、更優雅、更精緻，法國女人 20 歲活青春，30 歲活韻味，40 歲活智慧，50 歲活坦然，60 歲活輕鬆，70、80 歲就成無價之寶。在法國，年老仍舊風姿綽約的比比皆是，她們身材苗條，氣質高雅，打扮精緻時髦。

·優雅，是女人最動人的特質

優雅需要內心真實地擁有極大的承受能力，需要在任何時候都能持守好狀態、好儀態、好心態！任何漂亮都比不上優雅，優雅是對於女人魅力最高的評價，想要成為一個優雅的讓人敬佩的女人，最重要的是修煉一顆優雅的心，從心出發，由內而外散發出優雅氣質。

現代女人談優雅，總離不開健康的形體、美麗的服飾、精緻的妝容。確實，女人對於個人形象的注重是優雅的開始，但這僅僅是入門。雍容華貴是優雅的表象，唯有素養和學識能讓優雅更接近完美。

中國古代大家閨秀，琴棋書畫樣樣精通，又不失蕙質蘭心，一舉一動都能夠反映出個人的涵養、智慧和豁達，讓人相處起來如沐春風，這就是一種優雅。而現代女人優雅更像一朵鏗鏘玫瑰，既要有美麗的外形，還要有獨立豐富的靈魂。

美人在骨不在皮，一個人真正之美，是深到骨子裏的氣質。氣質是內在的不自覺的外露，而不僅是表面的妝容。我們說一個人有氣質，絕不僅僅是她擁有精緻的外表。隨著年歲的漸長，無論我們是否願意，給人的印象都是一個整體，而非只是一張臉。

　　現在，很多人都說，中年男女的形象堪憂，邋遢、油膩、肥胖。問題出在穿著上，但更多的還是個人的優雅與氣質問題。優雅氣質這種東西，只靠衣裝是救不回來的。當我們覺得一個人油膩、邋遢時，其實說的是一個人由內而外的優雅氣質不足夠，而優雅與氣質就藏在我們日常生活的舉手投足中。美不等於優雅氣質，但有優雅氣質一定是美的。而且，這種美即使沒有溝通和交流，沒有見到真人，她們散發出的氣質也能穿透照片讓我們感受到。

　　正如**伏爾泰**所說：「美不只愉悅眼睛，而氣質的優雅更使人心靈入迷」。 氣質，才是一個人最高級之美。那麼，什麼情況下，我們會覺得一個人沒有氣質呢？坐沒坐相，站沒站相的時候；不停抖腿的時候；還是說話不照顧別人感受的時候？生活中，我們常常忽略掉這些小細節，但這些細節足以讓我們「掉價 / 值」。那麼，如何才能成為一個有氣質的人？

　　眾所周知，優雅氣質最終要達到的是「內外兼修」。然而，道理每個人都懂，真正成為有優雅氣質的人卻很少。你認為第一次見面該如何給對方留下好印象？是真誠地直視對方的眼睛嗎？你認為怎樣的坐姿最優雅？是翹一個優雅的二郎腿就可以了嗎？你認為職場女人應該怎樣著裝？是好看就可以了嗎？

伏爾泰（Voltaire，原名：François-Marie Arouet）是法國著名的啟蒙時代思想家、哲學家、作家。被尊為「法蘭西思想之父」。

初次見面時，和對方的眼神交流、接觸，才是對他／她人的尊重。將視線的焦點落在眉毛和鼻子之間的三角區域，既顯得真誠又能避免尷尬，才能給對方最舒適的感覺。

坐姿方面，女人不論什麼坐姿，都要無時無刻遵循雙腿併攏的原則。雖然雙腿疊放會讓女士的腿顯長，但在交流時候不能這樣坐。跟他人交流的時候，應使用側腿式方式，將雙腿並行斜放，膝蓋朝向交談對象。

女人在選擇服裝的時候，也有各種小技巧，並不是只要好看就可以了。對於一個職業女人來說，選擇服裝的首要評判標準是：這件衣服適合今天我要出席的場合嗎？適合我的角色嗎？然後，才是漂不漂亮的問題。

記住，只要方法得當，所有人都可以修煉出獨一無二的優雅氣質。當你越來越漂亮時，自然有人關注你。當你越來越有能力時，自然會有人看得起你。改變自己，你才有自信，夢想才會慢慢實現。

不要以後才對自己說「想當初」、「如果」、「要是」之類的話！不為別人，只為做一個連自己都羨慕的人。作為女人，必須要精緻，這是女人的尊嚴，沒人會透過你邋遢的外表去發現你內在的優秀。女人不一定為悅己者容，一定要為自己而容！

‧優雅的女人，美好儀態就是形象的基礎

美，是女人一生的必修課，一生中最大的錯誤是放棄了自己的形象！

什麼是儀態？儀態也叫儀姿、姿態，泛指人們身體所呈現出來的各種姿態，包括舉止動作、神態表情和相對靜止的體態。個人的面部表情，體態變化，行、走、站、立、舉手投足等，都可以表達思想感情。

儀態是表現一個人涵養的一面鏡子，也是構成一個人外在美好的主要因素，不同的儀態能夠顯示不同的精神狀態和文化教養，傳遞不同的資訊，因此儀態又被稱為體態語。

一、**坐立行**。儀態是指，個人在行為中表現出來的姿勢，主要包括：站姿、坐姿、步態等。而「站如松、坐如鐘、行如風」是傳統對禮儀的要求，在當今社會中已被賦予了更多豐富的涵義。隨著對外交往的深入，要學會用兼容並蓄的寬容之心去讀懂對方的姿態，更要不斷完善自我的姿態，去表達自己想要表達的內容。

二、**面部表情神態**。有氣質的女人，一般都目光和藹，面帶微笑。她們知道如何運用神態去展現不同的臉部風情，她們的眼睛會笑，不會加深細紋。

三、**談吐舉止**。聲音大小傳情達意的意義不同，要根據聽者的距離遠近適當調整；手勢要自然優雅，尊重民俗，符合禮儀。另外，在公眾場所，熟人、陌生人、個人及親密區域也大有不同。

記住，年齡賦予女人的從來不是衰老，總會有些人會隨著歲月而沉澱，變得愈加知性、優雅、富有魅力。這句話用來形容影星奧黛麗·赫本再貼切不過。奧黛麗·赫本永遠都會用最優雅的儀態面向世人，她的一舉一動都賞心悅目，她用自己的一生完美詮釋了「優雅氣質」的定義。對她而言，即使年齡老去，依然會保持著自信的體態與儀態，時刻展現著自己的獨特高級氣質。不要覺得，赫本先天體態優雅，氣質出眾，普通人無法企及。其實，事實並非如此。

同樣，英國皇室戴安娜王妃從一名形體不佳的少女，最後成為皇室王妃的經歷，提醒我們：優美的形體與優雅的儀態完全可以透過後天修煉出來。年輕的時期，戴安娜存在著很多形體問題，比如：駝背、聳肩、頭前伸、塌腰等問題，在她身上都展露無遺，這些形體與體態問題讓她整個人看起來萎靡不振。但透過後天學習與練習，她徹底改變了自己的氣質，將王妃氣場盡顯無遺。

人的皮囊，終究敵不過歲月，但優雅氣質可以。

·女人的儀態美 —

「下美在貌，中美在情，上美在態。」

儀態是指個人在行為中的姿勢和風度。姿勢是指身體所呈現的樣子。風度則屬於內在氣質的外化。我們總要以一定的儀態出現在別人面前，一個人的儀態包括他的所有行為舉止：一舉一動、一顰一笑、站立的姿勢、走路的步態、說話的聲調、對人的態度、面部的表情等。而這些外部表現又是他內在品質、知識、能力等的真實流露。

在社交活動中，瀟灑的風度、優雅的舉止，總會令人讚歎不已，給人留下深刻的印象，受到人們的尊重。與人交往中，我們可以透過一個人的儀態來判斷他的品格、學識和能力，以及其他方面的修養程度。

儀態之美是一種綜合之美、完善之美，是儀態禮儀所要求的。這種美應該是身體各部位相互協調的整體表現，同時也包括了一個人內在素質與儀表特點的和諧。容貌秀美，身材婀娜，是儀態美的基礎條件，但滿足了這些條件並不等於儀態美。與容貌和身材之美相比，儀態美更是一種深層次之美。

容貌之美只屬於那些幸運的人，而儀態美的人往往都比較

出色，因此，儀態之美更富有永久的魅力。

儀態是一種無聲的語言。在日常交往中，人們一般都是通過語言交流資訊，但在說話的同時，你的面部表情、身材姿態、手勢和動作也會傳遞資訊。對方在接受資訊時，不僅「聽其言」，還會「觀其行」。

儀態語言是一種豐富、複雜的語言。據研究者估計，世界上至少有 70 多萬種可以用來表達思想意義的態勢動作，這個數字遠超當今世界上最完整的詞典所收集的辭彙數量。資訊的傳遞與回饋，從表面上看，主要是嘴、耳、眼的運用，但實際上，表情、姿態等所起的作用卻遠超自然語言交流的本身。儀態是一種很廣泛、很實用的語言，比有聲語言更富有魅力，可以收到「此時無聲勝有聲」的效果。

儀態是內在素質的真實表露。在表情達意方面，儀態也許不像有聲語言那麼明確和完善，但它在表露人的性格、氣質、態度、心理活動方面卻更真實可靠。一個人所說的話可能是真實的，也可能是虛假的，甚至還可能言不由衷，但人的儀態卻是真實的。嘴上說著「歡迎到來」，表情、手勢、動作卻流露出了厭倦和無奈，才是你的真實態度。

在社會交往中，儀態還是一種無聲／形的名片。即使沒有

隨身攜帶檔案和介紹信，對方也可以透過你的一舉一動、一笑一顰，判斷出你的身份、地位、學識和能力，並因此影響對你信任度、交往深度等。只有受過良好教育並在各方面都很出色的人，才可能舉止得體、風度優雅。相比之下，穿著時髦、濃妝豔抹、矯揉造作、刻意表現出來的那種美，反而不會成為永恆。

從體態、儀態、神態、語態、氣態、情態、心態、生命狀態等，「八態」高度融合，讓你由外及內，做氣質優雅魅力的女人。

•什麼樣的儀態最美？

奧黛麗·赫本說：「優雅是女人最昂貴的品牌，它是她的心靈之窗和魅力之房。」很多時候，就在那一瞬間的感動和那一刻的夢想，就如同擱淺的船隻在沙灘上落寞。優雅美麗的女人，是很多人的曾想，心許那是自己的未來。

溫和恬然的面容，依舊窈窕的身材，職業套裝下的幹練，委婉的內涵與風韻。如春風般讓人感到身心舒適，如盛開芬芳的百合般醉人，那是一種年齡與經歷的沉澱，融合了女人的包容與體諒。

優雅的女人永遠帶著氣質的芬芳，時間並不曾改變她的美麗，而是在詩書的薰染中自有獨特的韻味。腹有詩書氣自華，知識的積累與沉澱，融進女人的血液，就能從心靈深處綻放出美麗，奪人心魄。

優雅的女人是淡淡的女子，不浮不躁，不爭不搶，不會計較浮華之事，淡淡然地過著自己的生活。凡事從不強求，隨心隨性，如溪流穿繞叢林，染出最自然絢爛的景色。

空閒的時候，去看看這個世界，不一定要琴棋書畫樣樣精通，不一定要走遍世界的每一個角落，只要讓自己用心看看這個世界，經歷的多了，懂的多了，就不用多言了。如果碰巧身

邊的這個人不懂得何為內涵，不懂得珍惜和包容，請不要讓他改變你，不要讓自己輕易被激怒，不要變得刻薄，不要讓自己變成連自己都不喜的女子，粗俗的言語永遠不要再出自你口，因為那個人的惱怒其實是羞愧，是不安，是因為你很出色。

你們是獨立的個體，生活在這片天空下，要永遠保持自己的高貴，永遠記得自己的夢想，學會淡然，學會慈悲。

人生其實短暫，快樂現在的每一天，就是快樂自己的人生。無論有沒有這個人，都要過自己的生活，好好照顧自己的身體，打理好自己的生活環境，閒暇時間為自己慢慢的烹製一些點心。

美麗是一種綻放的精彩，決定著你的心情，而你的心決定了你的世界。心有多大，你的世界就要多大。你的心情是晴天，你的世界便是晴天；你的心情下雨，你的世界便是風雨。給自己一個幸福的機會，好好地經營自己的生活，你的夢想才能實現。

其實法國女人也會變老，但她們並不害怕。因為她們認為，女人只有到了這個年齡段，進入了職場、有了人生經歷、積累了經濟基礎，才會從內而外散發出一種成熟、沁人心脾的魅力。渾渾噩噩地過日子，再容易不過。這樣過了一輩子……在不知不覺中生命就流逝了。

沒有驚豔過，沒有為生活投入熱情，就沒有真正地活過。儀態本身就是一種文化，不能用其他文化替代，擁有知識學問的人不一定就能做到儀態優雅，優雅的儀態需要經過後天的學習與修煉，成為你骨子裏的血液，像呼吸一樣自然的散發著。要相信，你所嚮往的優雅從容終將如期而至。

•魅力女人儀態的習慣性

儀態是女人在成長和交往的過程中逐步形成的，具有習慣性的特點。所謂儀態的習慣性是指人們對某一動作理解的習慣性，一方面表現在某些動作表情達意的一致性，比如，用笑容來表現歡樂、友好、喜歡等感情；另一方面，同一動作由於地域和文化環境等的不同而具有不同的含義。比如：點頭，在中國和西方人的意思是「肯定」，而在印度、土耳其等國卻是表示「否定」。

每個人的儀態都是在成長過程和生活環境中長期形成的，並不都是先天的，也可以通過後天的生活和訓練形成，一旦形成，就很難改變。人們的容顏美會隨著時間的流逝而失色，而儀態之美卻能夠隨著年齡的增長而增添幾分成熟、穩重、深刻之美。

總之，儀態之美是一種更完善、更深刻之美，不是只透過外表的修飾打扮得到，也不是透過單純的動作和表情模仿體現的，有賴於內在素質的提高、自身修養的加強，有賴於性格、意志的陶冶和能力、學識的充實。

　　儀態之美是可以透過學習培養修煉而獲得的結果，只有熱愛生活、積極進取、自信、自尊、自愛、有渴望的女性，才能擁有真正的儀態美。

　　過去還未認識儀態，或者是還未真正學習儀態的人，會認為儀態之美是需要透過長期學習與薰陶之後的結果。但在我自己多年來遠赴多國學習的經歷，我將儀態之美提煉為國際多維度女性精修，以及國際間最完整的一套皇室王妃優雅儀態學習系統，可以在短短的 4 天，讓任何原本平凡的女性，體現出一個女人該有的儀態之美，流露散發英國皇室王妃高貴的儀態氣息。

　　好長相大多來自天生，而儀態美卻是來自後天的學習與努力。自古以來，中華女人就將優雅之風演繹得淋漓盡致，從《詩經》中的「窈窕淑女」，到《紅樓夢》中林黛玉的「嫻靜時如嬌花照水，行動處似弱柳扶風」，處處盡顯大國淑女之風範。看到那些優雅如墨的女子都忍不住感慨，每個女人當是如此：

閱盡人間萬千事，恬淡優雅如花開。然而，優雅並不是一蹴而就、一朝一夕練就的，甚至很多人不知不覺就走入誤區：為什麼明明五官精緻，身材很好，卻依然缺少美感，缺少女人的韻味？為什麼自己每天的運動量也不小，可以瘦成一道閃電，卻始終顯得氣質全無？

主要原因就在於，好的形體是優美的體態，是高雅的氣質，是需要糾正並調整生活中不正確的形體習慣。**歌德**曾經說過：「不斷昇華自然，最後創造物就是美麗的人」。人的美麗直觀表現首先在於形體美。優美的形體是成為一名氣質優雅的女人必須具備的條件，形體動作是女人優美的的肢體語言。美貌是天生的，可是，優雅的體態卻來自平時的培養。

歌德（Johann Wolfgang von Goethe），是德國詩人、劇作家、思想家與科學家；因著作《少年維特的煩惱》舉世聞名。

一、女人為什麼要做形體訓練？

美麗會隨著歲月的流逝而容顏不在，而優雅卻是必須經過時間的洗禮、歲月的打磨，才能獲得。不管在任何時候，女人的優雅都離不開內在的修養和外在形體氣質的點滴體現。

優雅的儀態關乎女人的一生，細節體現在一舉手一投足中。良好的儀態禮儀修養，不僅是對別人的尊重，也是對自己的尊重和自信，資料顯示，95％未經過氣質儀態訓練的人，平時儀態身形都是不到位的。

漂亮的女人隨處可見，優雅的女人卻很難看到。優雅需要文化和美學的薰陶，需要持久不懈的修煉。身為女人，擁有華麗、時尚的服飾與裝扮固然重要，但這些都是配飾，只能妝點我們的身體。服飾是「表」，體態是「本」，只有把身體形態梳理、調整到最佳狀態，才能賦予服飾和妝扮以生命，女人才能真正美麗、魅力起來。

所以，良好的體態是較好的、永不過時的「裝飾品」。

形體訓練是對於現代女性最好的運動，不僅省錢、省時、省力，也能養成非常好的習慣。

我認為任何運動對人體都是有益的，但是當你選擇游泳、

瑜珈、健身等運動，你需要抵達特定的地點去實行，並且花費較長的時間以及較龐大的金額（關於運動，你可以選擇你喜歡與擅長的，但我個人是非常推崇形體訓練與梳理）。然而，形體訓練與梳理沒有時間、空間、場域的限制，在生活日常當中，無論是走路、等電梯、搭捷運，或是坐在辦公室使用電腦，只需要利用碎片化的時間，便能達到有效的身體鍛鍊，並且有益於健康。身體健康的根基涵蓋了改善腰痠背痛、骨盆前後傾、脊椎側彎、高低肩、大小眼、大小臉與長短腿等等，這些都跟我們平常的形體姿勢有著密切的關係。

形體梳理猶如梳頭髮般，從頭到腳、由內而外地對身體進行梳理，隨時隨地並且每天都可以做。形體訓練針對身體每一個部位，例如眼球、臉頰、脖子、肩膀、頸椎、腰椎、骨盆、雙腿等，甚至還能有效幫助受過傷的肢體部位，甚至達到減緩消除痠痛、改善疾病的效果。

由於我自己做到了，也幫助很多女性做到，因此我本身十分推崇，並透過學習與授課幫助了眾多女性，她們也認為這是最有效、最省時省力的身體保養之道，最重要的是，形體訓練不一定需要老師從旁指導，只需要透過一次性的學習，或者是跟著線上形體訓練的影片，便可達到非常好的效果（當然如果有形體老師針對每人形體不同的問題指導，效果會讓你更驚喜）。

二、形體訓練的功效

形體訓練是一項優美、高雅的健身專案，通過舒展優美的舞蹈基礎練習（以芭蕾為基礎），結合瑜珈與舞蹈進行綜合訓練，就能塑造優美的體態，培養高雅的氣質，糾正生活中不正確姿態。它是所有運動專案的基礎。

形體訓練，不僅會對個人的腰、腿、臀、胸等關鍵部位進行科學訓練，還會利用芭蕾、舞蹈、體操等原理舒展優雅體態，使你的精神和形體完美統一。

形體訓練的顯著功效就是，矯正形體並強大你的內在。

每個人的形體都有自己獨特的魅力，關鍵是怎樣去發掘形體的長處、彌補短處？為什麼會出現O型腿、X腿、斜肩、駝背、脖子短、腿短、身高不高等問題？就像有些骨感美人，惟獨腰圍不凹，凸顯不出「S」的曲線。

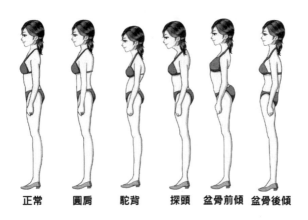

正常　圓肩　駝背　探頭　盆骨前傾　盆骨後傾

▲ 各位姊妹們趕快來對號入座一下，你的形體是什麼狀態？

三、什麼是儀態練習

　　姿態美可以反映出一個人的內心世界，不僅本身是美的造型，還能彌補形體上的不足。穩健、優雅、端正的姿勢，敏捷、準確、協調的動作，反映了人的氣質、精神和文化修養。女人不能只有好的體型，更應該有好的基本姿態。

　　透過訓練，可以改變諸多不良體態，比如：駝背、斜/圓肩、高低肩、含胸、探頸、長短腿、重心不穩等，以及行走時鬆垮、屈膝晃體、步伐拖沓等。對身體姿態進行系統專業練習，是提高和改善身體姿態控制能力的重要內容。透過動作訓練，能夠進一步改變形體的原始狀態，逐步形成正確的站姿、坐姿和走姿，提高形體動作的靈活性。

四、形體訓練的主要內容

部位塑形練習是形體訓練的重要內容之一。通過練習，可以對頸、肩、胸、腰、腹、臀、腿等部位進行訓練，提高身體形態，改善形體的控制能力。

你可以不天生麗質，可以沒有曼妙的身材，但絕不能缺少那分優雅和可貴的氣質。「優雅」這個詞語，僅從字面意思來看，應該是內在與外在的結合。這一點，透過古代儒家要求學生所要掌握的六種基本才能便能得知。

《周禮·保氏》有言：「養國子以道，乃教之六藝：一曰五禮，二曰六樂，三曰五射，四曰五馭，五曰六書，六曰九數。」這裏的「禮」，就是禮儀，即基本禮儀和人格建立。

禮儀不是衡量他人的尺，而是完善自己的標準。禮儀是自律，對自身嚴格要求，不斷自我完善，才能健全人格，確立懂禮儀規範行為的標準。再加以自身的品味及修養的提升，就能逐漸走向優雅，學習禮儀就是學做人，學習儀態就是學做一個優雅的女人。

從小就練習儀態，何愁儀態會不美？日常生活中，要練習基本的站姿：雙腳後跟、小腿肚、臀部、兩個肩膀和後腦勺靠牆，9點一線靠牆站立，記得你的腰與牆面只能有一個手掌的距離過

多或過少都不對，代表你有骨盆前傾或後傾的問題，每天堅持
10 至 15 分鐘，可以逐步增加時長；為了讓雙腿間少些間隙，可
以夾一張 A4 紙。只要持續，效果一定會讓你驚喜。

極簡瘦身‧靠牆站‧每天5分鐘

A.後腦、雙肩、臀、小腿、腳跟 9 點緊靠牆面，
並由下往上逐步確認姿勢要領。

B.腳跟併攏，雙膝併攏

C.立腰、收腹，使腹部肌肉有緊繃的感覺；
收緊臀肌，使背部肌肉也同時緊壓脊椎骨，
感覺整個身體在向上延伸。
牆壁和腰之間約一個手掌的距離為最佳。

D.挺胸，雙肩放鬆、打開，
雙臂自然下垂於身體兩側。

E.使脖子也有向上延伸的感覺，雙眼平視前方，
臉部肌肉自然放鬆。
如果雙膝無法併攏，可以繼續努力收緊臀肌，
不斷地訓練會使雙腿間的縫隙逐步減小，
最終擁有筆直的雙腿。

體現女人氣質的關鍵點

・外在魅力

上帝在打造女人的時候，都是按照女神的樣子打造的，不但有女神的外表，還有女神柔軟的內心，只是我們在成長的過程中經歷了太多的生活的磨難和壓力，慢慢忘掉了自己原本的樣子，甚至活成了女漢子。

當一個女人對生活沒有激情，內心越來越不自信的時候，就會把自己的樣子弄得很糟。你知道嗎？當你不能呈現出美好的狀態時，你就像是在宣告：你被生活打敗了，你被時間打敗了，你被手中的工作打敗了，你被家庭打敗了。

優雅是什麼？就是一個女人不被打敗的狀態。你的形象氣質就是你真實的生活寫照，所以，女人要學習修煉的就是展示自己的外在優雅魅力。

一、氣質女人的外在魅力

很多女人都說，男人是視覺動物，喜歡用視覺去判斷一個

女人，只要女人長得精緻、身材完美或看起來有氣質，男人就會對這個女人特別心儀。確實，有些男人確實會因女人的外表而一見傾心、二見鍾情。但是在成熟的男人眼裏，氣質女人的顏值、身材和氣質都是獨具吸引力的，而這些也是女人外在魅力的體現。

1. **身材／形體。** 過去，精緻的面容確實能吸引男性，如果某個女人面容精緻，即使她稍微有點胖或身高不夠，男人也會自動忽略。但是，當化妝術變得越來越神奇的時候，一切都變了。有些女人可能素顏狀態特別差，但只要用心化好妝，就會看上去美美的，瞭解的女人多了，男人看女人也不再僅關注面容，他們會自動腦補這個女人去掉化妝品之後會是什麼樣子？而好身材卻是實打實的，不能摻假，自然也就成了吸引男人的迷人之處。所以，為了提高自己的吸引力，除了去學化妝，還要平常養成鍛鍊形體習慣，在保證身體健康的同時，還能擁有好氣色、好形體、好狀態、好心態。

2. **優雅／氣質。** 優雅與氣質，是女人的加分項，即使長得很普通，身材平平，但只要有氣質，女人的一顰一笑都能給人留下深刻的印象。氣質體現在諸多方面，比如：有禮貌、說話好聽等。試想，大街上，有個長相和身材一流的美女對著電話講話音量大，還走路雙腳開開的，你對她的印象肯定立刻大打折扣！

而長相普通、身材一般的女人卻扶老奶奶過斑馬線或幫盲人指路，你對她的好感就會立刻飆升。所以，女人除了打扮化妝，也別忘了提高自我魅力修養，提升優雅氣質。

3. **顏值/神態**。現在，男人看女人已經不像過去一樣看對方是否漂亮了，因為很多美女都是用化妝品堆積出來的，有些甚至還在臉上動過刀、整過容。如果男人去接近一個好看的女人，多數都是他覺得這個女人沒有整過容，覺得她美得讓自己心儀。所以，在現代社會，漂亮已經不是讓男人心儀的特色了，他們更看重的是自然美。所以，女人要想提升自己的面部表情神態魅力，不要整天在整容和化妝上費盡心思，最好先去提升個人的外在氣質和內在修養(當然我個人不反對女性整形，只要透過專業的醫生建議，讓自己變得更美好是很棒的，但是唯有透過儀態裏的神態學習，女性才能從內心散發出優雅與魅力和自信的氣質)。

二、舉手投足間體現的個人涵養

儀態端莊、優雅的女人，舉手投足間都能流露出她們的個人涵養。看著她們，就像欣賞一幅畫一樣，她們早已化身為美的藝術品。

經典電影《羅馬假期》裏飾演安妮公主的奧黛麗‧赫本，是那樣純真浪漫、優雅迷人，至今仍活在很多人心目中，她就是最美麗的人間天使。她擁有最真摯的笑容、最性感的小蠻腰、最漂亮的髮型、最優雅的談吐、最溫柔的內心，她儀態萬千，擄獲人心。

赫本是「世界上最美的女人」，被稱為「永恆天使」、「凡間精靈」、「優雅的公主」、「千年難覓的瑰寶」，她是自然與美麗的化身，她的美無法複製。

1. **讓我們學習：謙遜自律。**赫本年幼時期是跟著嚴厲的母親長大的。殘缺的家庭和母親的家教讓她渴求和珍惜世間美好，比如：動物、兒童、人與人之間的情感。她非常謙遜，沒有因為名利而居高自傲，還非常自律地對待自己的生活和人生。

2. **讓我們學習：舞蹈。**她並沒有長時間的專業訓練，學習舞蹈作為一段人生經歷雖然微不足道，但剛好給了她美好的體態和優雅的身姿。當然，也為她的演技奠定了基礎。在我的形體、儀態訓練裡面就有結合很多舞蹈，呈現出女性形體的柔軟與柔美。

3. **讓我們學習：無時無刻記錄自己。**赫本的魅力至今大部分都是通過一幅又一幅寫真照片流傳下來的。一個優雅的女人，

就應該把自己最美好的時光停駐留念，或許多年以後，仍會看到最美的自己和最有追求的自己。

4. **讓我們學習：自然的妝容。**奧黛麗·赫本的妝容一直都走自然美路線，她的五官分開來看或許都不是最美的，但不經遮掩，淡淡的修飾就可以將臉龐的自信喚醒。不濃妝豔抹，接受自己的全部，包括臉上的不漂亮，也可以讓人平靜地欣賞一輩子的美麗。

5. **讓我們學習：有節制地接觸任何一切。**奧黛麗·赫本會喝一點小酒，壓力大的時候也會抽一根菸。這是人之常情，而赫本的優雅之處在於她懂得節制，能夠保持儀態，從不讓自己處於神志不清的狀態，不管你喜歡什麼都讓自己學會有節制去接觸，如美食、甜點等。

6. **讓我們學習：為自己買單。**紀梵希是服裝界的龍頭，卻是赫本一生的藍顏知己，赫本卻一直自己掏錢買紀梵希的禮服，從不讓好友或男人為自己掏錢。這種清高，有點自傲的氣質，恐怕才是讓紀梵希願意接近並視之為一輩子的紅顏知己的原因。

7. **讓我們學習：在每個當下不委屈自己。**赫本從不為了美麗的鞋子而委屈自己的腳，寧願穿大半號也不擠小半號。堅持自

我的女人最美之處就在於此，習慣以後就會發現這種自由之美，並為之癡迷。

8. **讓我們學習：學習著重質不重量。**堅持自我的人往往很難在世界上找到大部分都適合自己的東西，可是赫本的重質不重量不單體現在衣服數量上，也體現在搭配上的簡單樸素。這也是最適合赫本的風格，還形成了屬於赫本的復古潮流。

9. **讓我們學習：學習關愛每一個孩子 / 人（包括你自己）。**赫本中晚年出任聯合國兒童基金會大使，但歲月絲毫沒有減少自己的優雅之風。對世界兒童的貢獻和關愛，讓她自始至終保持著最美好的品質；對孩子的關愛和關懷，讓她不曾老去。

10. **讓我們學習：保持終身學習的習慣與修煉。**找到一個好的導師帶你與自己身、心、靈深度連結終身學習與修煉，時光真的很美讓我們一起學習成長修煉，精緻一生優雅到老。

雖然天使早已不在人世，但是她優雅的形象、她的「美」卻一直活在我們心中。

• 內在的魅力

無論女人表現出來的優雅氣質是聰慧、高潔，還是活潑、恬靜，都能展現出自身的人格魅力。優雅氣質來源於內心，是女人人格魅力的主旋律。

優雅氣質是一種獨有的個性，女人的個性一旦養成，自然就會流露出來，就像玫瑰花一樣，不需要證明什麼，流露出來的都是芬芳，都是最極品的美。女人獨有的氣質是富有感染力的，只有擁有與眾不同的韻味，才能讓他人無法忘記。

宋美齡是宋氏姐妹中最小的一個，姐姐宋靄齡、宋慶齡也都是非常出名的人物。而宋美齡更加厲害，她是民國時期的第一夫人，也就是蔣介石的夫人。宋美齡不光琴棋書畫樣樣精通，在外交方面也有著卓越的才幹，是蔣介石的左膀右臂。

作家冰心曾在《我所見到的蔣夫人》寫到：「1924 年我在美國威爾斯利女子學院留學時，我的美國老師經常自豪地和我說，本校有一位中國學生，即 1917 年畢業的宋美齡小姐，她非常聰明、漂亮。在我至今為止見過的女人中，確實從未有過像夫人那樣敏銳聰穎的人。她身材苗條、精神飽滿，特別是那雙澄清的眼睛非常美麗。」

宋美齡的父親拋棄了那個時代「女子無才便是德」的傳統

思想，送女兒去國外學習，這段經歷使得宋美齡對衣著的審美意識，從學生時代便已萌生。宋美齡非常講究穿著，早年喜歡洋裝，後來一直穿旗袍。嫁給蔣介石以後，更加鍾愛旗袍這種傳統卻優雅的服飾，簡直就是標準的「旗袍控」。

為了這些美麗的旗袍，宋美齡對身材的要求非常高。她每天都會稱量體重，體重一直保持在 50 公斤左右，稍有增加，便會調整飲食，改吃青菜、沙拉等，直到體重恢復。宋美齡絕不允許自己以任何萎靡狀態出現在公眾視野，不論何時何地都保持著靚麗、精緻的面容，被美國藝術家協會評選為「全世界十大美人」之一，並名列榜首；持續數年被美國刊物評選為「十大最著名的女人」，多次登上美國《時代》雜誌封面，被稱為「三千年未有之雄奇女子」。

宋美齡對自己嚴苛又自律，無論是保持良好的身材儀態，或是修整自身不足，都不是一朝一夕一的，而是一項終身事業。美國前國務卿季辛吉曾盛讚宋美齡：「一位亂世美人，以女人的非凡情感，影響了大千世界，值得我們永遠品味和思考。」

過去有些女人雖然五官精緻，但是整個人看上去懶懶散散的，好像很頹廢、沒精神；反之，有些女孩雖然看起來很一般，但在氣質上卻完勝，多看兩眼，就會覺得她由內而外地散發著

另一種魅力。這就是女人的內在魅力。那麼，如何養成獨特的魅力呢？

一、**每一刻學習如何提高優雅氣質。**女人的內在修養，不僅在於修養道德，還要有自己的思想主張，多看一些硬知識。整天看雜誌或娛樂性的新聞，會讓自己看起來感覺變得娛樂化了。這裏所說的硬知識，其實是一些成長類、事實類、記錄類的，可能比較枯燥，但只要靜下心，確實能夠讓你的氣質得到提升，讓你更加有內涵。

二、**學習每個當下注意、調整平常的身姿。**身姿注意、調整包含的內容很廣，比如：瘦身、塑形、端正站姿或坐姿。而要想取得理想的效果，就要不斷地約束自己，讓自己在日常生活中看起來顯得更精神，更自信。

三、俗話說：人靠衣裝，穿衣搭配也很重要，但**站直站挺**打開雙肩更為重要，這樣會讓自己看起來有氣質和魅力。出門在外，別人第一眼看到的就是你的外貌和穿衣打扮。除了提升自己的衣著品味，更要提升自己的體態儀態，因為即使是一件普通的衣服，也可以穿出高級的感覺。

四、**去旅行打開視野與格局，感受不同的人生。**許多女人平時很忙，似乎已經忘記了自己的精神生活，自己處於兩點一

線的狀態。其實，為了提高個人的氣質和魅力，可以抽時間去旅遊，看看不同的人與世界與風景，放鬆一下自己的心及打開自己的視野與格局。

五、**養成看書和學習的習慣很重要**。書和學習，會提高你的內在優雅氣質和儀態魅力，使得別人一眼看過去，就覺得你是個很有內涵的人。不管哪個年齡階段的女人，都要多看書，多學習會讓平凡的女人變得很不平凡。

六、我認為女人真正的老化不是長出的第一道皺紋或是白髮，而是開始停止學習，**學習是女人最好的抗老化保養品，所以要不停地學習**。女人為什麼要學習？因為：在我們不懂婚姻時，就走進了家庭；在我們不懂教育時，就擁有了孩子；在我們不懂健康時，就擁有了生命；在我們不懂為人處世時，就走入社會；在我們不懂經營事業時，就開啟了創業之路；在我們需要胸懷格局之時，還僅僅看著眼下和自己。

因此，無論我們怎麼努力，都感覺到不夠幸福。只有走進學習成長、成人成己環境，才能擁有經營幸福的思維和能力。學習改變不了你生命的起點，但它定能改變你生命的終點！堅持學習，必有所成！積極人生，每天開心！

七、習慣是很大的力量，習慣也是很大的財富，**養成好的習慣**

是擁有財富的力量。生活中，越是優秀的人越明白自己真正想要的是什麼，從不會把時間和精力白白浪費在無意義的事情上，只會將碎片化時間利用起來，讓自己進步。很多時候，不是你變優秀了，才能擁有好習慣，而是你擁有好習慣，才能變得更優秀。

擁有優秀的習慣，是幸福人生的開始。習慣需要一點一滴地養成，再一點點地改變自己，從而改變生活。從今天起，就要養成良好的習慣，今天做得比昨天多一點，就比昨天更有收穫。人生就是這樣，堅持下去，就能看到不一樣的色彩。

八、**擁有感恩之心。**優雅是一種美麗，一種氣質，一種行為，不僅是美麗的身段、優美的肢體語言，更是要有一顆富有同情、寬容、感恩的心。可見，對於女人來說，不管是天生麗質，還是長相平平，氣質與魅力都需要透過養成與學習來提升。

• 人格的魅力

女人的真正魅力主要在於其特有的優雅氣質，很多女人都害怕 40 歲的到來，而我認為女人 40 才開始：40 歲的女人才開始要蛻變成為自己生命中的美麗佳人，女人 40 歲還能被稱為「絕代佳人」嗎？完全可以。比如：40 歲時的張曼玉、50 歲時的林青霞、70 歲時的伊莉莎白‧泰勒……有些女人不是以外貌而論的，沉澱在骨子裏的氣質把她們修煉成永遠的絕代佳人。

優雅氣質是女人的相對穩定的個性特點和風格氣度。生活中，有的女人性格開朗、瀟灑大方、聰慧靈動；有的女人溫文爾雅，氣質高潔；有的女人性格爽直、行為豪放、氣質高冷；有的女人性格溫和、秀麗端莊，氣質恬靜……無論是聰慧、高潔，還是高冷、恬靜，都能展現出女人自己的人格魅力。

優雅氣質來源於內心對自己的渴望，對自己的修煉，這是女人人格魅力的主旋律。氣質是一種獨有的個性，女人的個性一旦養成，自然就會流露出來。女人獨有的氣質極富感染力，只有擁有與眾不同的韻味，才能成為一個讓人難忘的人。

每當在大街上看到集美貌、身材和優雅氣質於一體的精緻女人時，很多人都會忍不住讚歎，她為什麼這麼出眾？相信，多數女人都曾問過自己類似的問題。不過，女人一生中需要追

求的東西很多，之所以沒有成為完美女人，是因為沒有追求到女人必備的東西，只要掌握了完美女人的精髓，相信，隨著年齡的累積你也能成為自己心中的女神。

一、**讓自己無時無刻臉上散發的自信。** 並不是所有的男人都喜歡膚白貌美大長腿，他們更喜歡女人臉上揚起的那副自信。縱觀電視劇裏的女明星，幾乎每個人都是挺胸抬頭充滿自信的，即使是演反派的女魔頭，也是能表現出一副天底下我最美的狀態。同樣，街上那些能讓人一眼注意到的女人，也都是從容不迫的。用自信武裝自己的女人，婚姻都特別美滿，因為有什麼樣的自信，就會散發出來什麼樣的魅力，而這種魅力恰恰就是異性最喜歡的地方。

二、**修煉在心底蘊藏的善良。** 有善心的女人是最可愛的，不管是對老人，還是弱者，亦或是流浪小動物，她們都會伸出雙手去盡一份力。始終保持一顆善良的心，時間久了，他人就能透過你的臉看到你的善良。長相普通不要緊，要知道，有善心的女人才是這個世界上最漂亮的人。善良正直的內心品格比外表美麗重要的多，沒有男人會拒絕這樣的女人，他們都知道，只有跟善良的女人結婚，才會真正幸福一輩子。

三、**擁有骨子裏該有的堅強。** 當今社會，靠男人生活的女人越來越多，但靠別人，永遠不如靠自己，只有自己給自己的安全感才是最實在的。世界上沒人會護你一生周全，包括你的父母，也只不過是陪你短短幾十年。當你把堅強刻在自己的血液裏，不依靠任何人就能獨立完成所有事情時，你就是自己的女王，別說異性，包括同性都會對你由衷地讚賞。做女人很難，做一個精緻完美的女人更難，可關鍵就在於你是否去追求這個目標。

尤其是當女人一旦過了青春時代、步入中年的時候，就會明白：歲月會帶走你的容貌，只能靠自信和優秀的品質讓自己挺起胸膛。花兒開得越豔，欣賞它的人就越多；孔雀開屏開得越大，越能吸引另一隻孔雀的心。而女人，一定要學會經營自己，做自己的主宰，學會為自己撐傘。

四、**學習獨立自主、有主見。** 現代社會男女平等，女人不再是大門不出，二門不邁，越來越多的女人活出了自己的精彩，獨立自主也就成了現代女人最優秀的特質。擁有這種特質的女人對於人生都有著自己獨到的見解，喜歡自己能夠掌控的生活，她們會好好工作、抽時間學習、做自己喜歡的事情，即使是普通的日子，在她們眼裏也有著不一樣的精彩。獨立自主的女人，能夠清晰地掌控自己的命運，愛的

時候轟轟烈烈，不愛的時候灑脫放手，不會強求任何不屬於自己的東西，更不會暗自傷神。

五、**必須樂觀向上、愛笑**。生活有著自己既定的軌跡，每一步的行走不見得會一帆風順，樂觀向上的女人不會介意生活中出現的小挫折，反而會迎難而上。在這個世界上，沒什麼能夠阻擋她們前進的腳步，而她們也明白，帶著笑容度過每一天，比每天愁眉苦臉好得多。姊妹們一定要記住或許有人可以阻礙你成功，但一定沒有人可以阻礙你成長，除了你自己。

生活的苦與樂不能影響到她們分毫，因為她們懂得人生來就需要經歷，不僅要經歷幸福，也要經歷苦難，唯有用樂觀向上的態度去面對，才能更懂得生活的美好。男人總會偏愛這樣的女人，因為女人樂觀的態度能夠排解男人工作中遭遇的愁緒，給予他前進的勇氣。那種對於生活的樂觀態度，讓男人在面對困難的時候也能做到無所畏懼。

六、**一定要自重珍視自己**。每個女人都是世界上獨一無二的存在，因為是你，才擁有自己的珍貴，沒人能夠替代，亦沒有人能夠改變，女人也不會因為任何人而變得廉價。無論是面對生活，還是面對愛情，氣質女人都有著自己的態度。

她們尊重自己內心的選擇，愛惜自己的方方面面，從來都不會因為你是誰而給予不同的對待，卻會根據你的態度做出不同的選擇。

懂得尊重自己的女人，能夠吸引他人；如果連自己都不尊重，又憑什麼去強求他人？男人總會愛那個更值得自己去愛的女人，尊重自己的女人才是最好的選擇。女人身上獨有的特質，是在歲月浮沉裏立於不敗之地最有利的武器。

七、**真正愛自己**。愛他人之前先愛你自己，愛他人的同時也愛自己，你若不愛自己，便無法來愛他人。這是愛的法則！因為你不可能給出你沒有的東西，你的愛只能經由你而流向他人，若你是乾涸的，他人便不能被你滋養。宣稱自我犧牲是偉大的，是一個古老的謊言。貶低自己，並不能使他人高貴，他人只能從你那裏學到「我不值得」，而你亦當如此。生命的本質是生生不息的流動。生命如此，愛如此，女人一定要愛自己。

1-3
言行舉止之間的魅力

女人本是花，只要你綻放就好。

女人本是水，只要你滋養就好。

時光很美，讓我們一起優雅前行！

當你開始取悅自己，你的身心就會變得更加美好。在這個浮躁的時代裏，你的美好，對他人來說，充滿著賞心悅目的價值。只有取悅自己，別人才會來取悅你，而你的價值，才會讓他人更美好。

風格塑造人。女人的行為舉止能反映出她的內在品格，也就是說，女人外在的行為舉止是其內在本性的表現，能夠體現出女人的興趣、愛好和情感世界等。

如果一個女人心地善良、品德優秀，若能舉止優雅、謙和有禮，她一定會是一位有魄力的人，定會為他人帶來更多的快樂和幸福。在日常生活中，氣質女人一般都很注重自己的一舉一動、一言一行。優雅的舉止言行，讓她們風度翩翩，令人們肅然起敬，而這種行為舉止在很大程度上源於謙恭有禮和善良友好。美好的外表，是一種表現或交際形式，友善的言行、得

體的舉止、優雅的風度，才是走近他人的通行證。

◦《赫本傳》中的赫本式站姿

理查・艾夫登（Richard Avedon）給赫本拍過很多照片，最著名的有兩張：一張是在羅浮宮前拍的，赫本穿著黑色細腰洋裝，捧著一束色彩繽紛的氣球，好像自己也會隨著氣球飄起來。另一張照片中，赫本站在火車站旁，穿著羊毛套裝，抱著寵物狗「出名」（Famous），提著時髦的白藤行李箱，被周圍的霧氣環繞著。兩張照片中的赫本，即使我們不知道她的名字，也能立刻認定這是一個大明星才有的氣場和風度。

其實，早在赫本未成名時，她的優雅風采就已經讓人折服了。當電影《羅馬假期》的導演威廉・惠勒（William Wyler）第一眼看到前來試鏡的赫本時，幾乎立刻就決定讓這個初出茅廬的女人擔任女主角。因為這個女孩舉止優雅得體、充滿異國情調，彷彿真的就是來自歐洲某國的公主。正如這部電影的男主角格里高利・派克所說：「她頗有歐洲貴族的教養，有個荷蘭籍的母親和英國籍的父親。你也會記得她曾經經歷過的戰爭與納粹的統治，所以她和一般的美國人不一樣。她的歷練使她風格獨具，而這些不同的特質也正是她吸引人的原因。」赫本

理查・艾夫登（Richard Avedon）為著名的時尚攝影大師，擅長黑白優雅充滿人文氣息的攝影風格，為許多名人如奧黛麗・赫本、約翰・藍儂、達利等留下許多經典的人物攝影。

成為美麗、優雅、教養、尊貴的代名詞，自然與她的經歷和出身密不可分。

我們既沒有貴族背景，也不是所有人都受過芭蕾訓練，但是把這些客觀理由作為放鬆自己的藉口，就太不明智了，有人甚至還覺得自己的行為舉止沒什麼不妥，不懂得自檢。那麼，從現在開始，就檢查自己的站姿，看看自己距離優雅還有多遠的距離。

乘坐捷運、地鐵、公車等公共大眾運輸時，或者等待上車時，站姿最能反映出女人的教養和風度。可惜，多數女人都歪斜著身子，伸出一條腿，擺出稍息的姿勢。即使是靠牆站著，也不會挺起脊背，而是駝著背，向前伸著頭。有的人甚至看到公車或地鐵一直不來，感到不耐煩，便左右搖擺身體，伸出去的那條腿還抖來抖去。

女人無論長得多漂亮，打扮得多時髦得體，一旦暴露出這種不雅觀的動作，就毫無光彩可言了。不管在任何時候看到赫本，她都站得異常筆直，看上去比她的實際身高更高挑。可是，如果一個人並不矮，卻總是隨隨便便地站著，看上去就會顯得立刻矮掉一截；相反，即使身材嬌小的女人，總是站得筆直，也不會顯得矮。而且，這種站姿還讓人覺得有教養且底氣十足，身高上的劣勢被氣場彌補了。

　　想要站得好看，不妨模仿芭蕾舞的準備動作：並起雙腿，挺起腰，脊背挺直，收起小肚子；雙手不要亂動，放在身體兩側，或交握放在小腹前；頭要擺正，眼神直視前方，不要來回瞟。擺好姿勢後，要提醒自己保持下去，不要過了一會兒就堅持不住、駝著背、雙手叉腰或頻繁地摸頭髮。在社交場合做這種動作，人們就會覺得你輕浮；也不能把重心放在一隻腳上站成三七步，否則看起來就像魯迅筆下的圓規。

　　日本女人穿傳統的和服時，背就會挺直。因為和服的剪裁基本上由直線構成，穿在身上呈直桶型，幾乎不會顯示出身體曲線。再加上，起著固定和包覆帶枕作用的帶揚，就會使人脊背挺直，看起來端莊且嫻雅。穿著沒有束縛身體功能的衣服，就要靠意志使身姿端正了。特別是穿著洋裝時，如果身姿端正，不僅看上去漂亮，還會體現出女人的端莊和尊嚴。

　　當然，即使穿著普通的休閒服，也不能放鬆自己。首先，要將腰身挺直，把肩胛骨向背後收縮，胸自然就挺起來了。還可以想像從頭頂上方垂下來一根線拽著腦袋，促使自己自然地抬起頭來。保持這種優美站姿，即使外貌和穿著都很普通的女人，也會令人著迷；即使不習慣穿高跟鞋，也會顯得比實際身高更高。

1-4
 優雅的行為舉止

　　短暫的相逢，是很難準確判斷一個人的內在品格的。所以，人們往往會根據外表加以評判。這時候，不僅服裝和化妝會對一個人造成影響，舉止也會發揮巨大作用。姿態端莊優美，還是隨隨便便，給人印象會大相逕庭。無論心情多麼憂鬱，或身體多麼疲憊，都要保持端莊的姿勢。記住：神采奕奕的女人總會讓人欽佩和信任。

　　優雅的行為舉止能使女人在社會交往中更加輕鬆愉快，灑脫自然，從而有利於事情的成功。對女人而言，漂亮的體形比漂亮的臉蛋要好，優雅的舉止要勝過婀娜多姿的身段；優雅的舉止是最好的藝術，勝過任何著名的雕塑或名畫。讓你知道得體的儀態，端正的形體是會給人高能量的肢體語言解讀，無需語言就知道你的高貴優雅與氣質魅力，只有提高自身修養，言行舉止發之於心，才能做到從容優雅簡單，自然散發出皇室貴族的氣息。

一、**有紳士、名媛風度。**有風度的女人不管是對同性，還是對異性，都應有一種顧慮之心，對老幼孕病殘更是，比如，為對方開車門，上車前禮讓、將手放在計程車門上，防止

對方頭部撞傷等；不在公共場合吸煙，不醉酒，喝湯不出聲，咀嚼時不說話，也是基本的禮儀；可以自備環保袋購物，將垃圾扔到垃圾筒裏；在比較重要的場合，或名勝古蹟，將地上比較顯眼的垃圾(可用紙巾包著)扔進垃圾筒。記住，放得下身段，才能更受人尊敬。

二、**注意分寸。**優雅有一種矜持的味道，為人處世，不能過分熱心。多思而寡言，三思而後動，要把「請」、「對不起」、「謝謝」等字眼掛在嘴邊。

三、**注意自己的生活氛圍。**既不能太市儈，也不用刻意追求貴族化，可以在房間裏多放點書，聽些音樂。此外，無論住在怎樣的環境中，都要與人為善；要注意修身養性，在工作等之外擁有自己的世界，讓自己與眾不同。

四、**保持淡定。**走紅走紫，走馬走燈，不如走個真人生；求權求位，求金求銀，不如求個好心情。淡如雲煙，定如磐石，才能遠離內心的喧囂；生活有進退，輸什麼也不能輸掉心情。人這一輩子，怎麼都是過，與其皺眉頭，不如學著樂。多苦少樂是人生的必然，能苦會樂是人生的坦然，化苦為樂是智者的超然。倚樓聽風雨，淡看江湖路。須知，只有你變得足夠強大，才能被世界溫柔以待。時光很美，讓我們美麗同行！

Chapter 2

女人優雅氣質的價值

優雅氣質是成就女人後天美麗的資本，有了它，女人會更自信，行為會更優雅，人生也會更有感覺。在這個充滿時尚氣息的時代，長得不漂亮不是你的錯，但是沒有氣質一定是你的錯。作為一個女人，更不能忽視氣質對自己人生的作用和影響。很少有女人願意被別人稱為「花瓶」，更願意聽到他人說自己是個「從容」、「優雅」、「魅力」、「精緻」的女人。

《詩經》有云：「雅者，正也」。在中華民族的歷史長河中，「雅」是最正統的美。優雅，修於內心，表於外形，與年齡無關。優雅是由內而外散發的氣質、修養與態度。優雅的儀態，不僅讓我們身正心正，健康挺拔，也讓我們獲得他人的欣賞和尊敬，值得我們一生去學習修煉。

2-1
❧ 優雅的氣質讓女人終生受益 ❧

一個女人最好的配飾不是物質，是優雅的氣質。優雅氣質是唯一可以帶去輪迴的東西，氣質也會滲入 DNA，遺傳給下一代。優雅需要內心真實地擁有極大的承受能力，它需要在任何時候都能持守好形態、好儀態、好心態、好狀態。

如果說女人的美貌是天生的，那麼女人優雅的氣質就是後天培養的。對於一個女人來說，優雅氣質比美貌更為重要，因為它象徵著自己的幹練、精明、成熟和穩重。儘管她們的臉上也會出現一些歲月的痕跡，但她們仍然可以用自己獨特的氣質吸引身邊人的目光。時光無法抹去她們美麗的笑容，因為她們是人間最有氣質的風情女子。

瑪姬今年29歲，眼看就要到了奔三了，雖然她長得不漂亮，但只要她一出現，就會立即引來眾多目光。她在英國學習過，畢業後回國工作，舉手投足間總是彰顯出一股優雅的英倫風。一年四季，瑪姬都會穿裙子，即使是隆冬臘月，也會穿著別具風情的鞋子和裙子來上班。她長著一頭烏黑的長髮，飄逸在腰間，走路永遠都是挺胸抬頭、步履從容、面帶微笑。

從瑪姬進入辦公室的第一天起，就引起了同事的熱烈討論。只注重外表打扮的女同事在她面前黯然失色，男同事則認為欣賞她優雅的裝扮是一種享受。

瑪姬優雅的氣質影響除了辦公室，即使是下班等車的時候，路人只要從她身邊經過，都會禁不住多看她幾眼，有些女人甚至還會自言自語：「我要是能像她一樣有優雅的氣質該多好。」

優雅氣質是集女人的內在精神而釋放出來的高品格影響力，猶如一顆夜明珠，不僅能給人們帶來驚喜，還會讓人耳目一新；猶如一縷暗香，讓人不知不覺沉醉；猶如一道驚雷，讓人清醒。

優雅氣質是一種修煉到超越自我的境界。這種境界，不僅能讓女人脫去身上的俗氣，還會讓一個普通女人變得高雅，胸懷坦蕩，行為超凡入聖。有優雅氣質的女人，面對不同程度的困境，不會膽怯，最終優雅氣質可以幫助她扭轉逆境，取得意想不到的勝利。

女人的命運並不取決於男人，而應取決於自己的努力、氣質以及才能發揮的程度。女人越重視自己的天資、才能、與男子的精神心理交往的能力，她的美和氣質就會越燦爛奪目。如此優秀的女人，男人自然都會喜歡。

　　優雅氣質女人懂得如何剛柔並濟，有時如一盆火、一塊冰，有時似一杯茶、一盞純釀。她是男人得意忘形時的清醒劑，更是男人頹廢沮喪時的啟動器。

　　女人的優雅氣質是最真實、最恒久的美。再美的女人，如果沒有優雅氣質，也只是一個花瓶；相反，天生並不美的女人，即使沒有華麗的服裝，一旦擁有優雅的翅膀，也會立刻神采飛揚，展翅高飛。外表的美是短暫而膚淺的，如同天上的流星，轉瞬即逝，而優雅氣質卻像一縷暗香，滲透於女人的骨髓與生命，能夠讓她們在面對歲月的無情流逝時，擁有一份從容和淡泊。

優雅的女人可以用智慧獲得愛與尊嚴

優雅氣質，是女人最高貴的名片，生命的意義不是終點，而是每個當下豐盛的生命狀態，成為魅力女性，取悅自己，成就自己！

女人想要得到男人的傾心和尊重，本身就應當散發出迷人的氣質。外在的美只能讓男人動情，不能讓他發自內心地欣賞你。女人真正的魅力是來自內心的高潔品格和氣質，而男人更傾向於以貌取人。

有優雅氣質只要你願意透過學習，人人都能具備的，這也是女人能夠特立獨行、獨自征服世界最好的利器。比如，女人去面試，她的穿著、行為和說話方式等都能給面試官留下一個好印象，這時候也能得到關注，因為她的優雅氣質具有很強的感染力和親和力。

女人的優雅氣質美主要表現於她對生活的態度、生活的個性、本身的涵養和言談舉止；此外，她的走路風格和待人接物的方式，也都屬於氣質的表現。

所以，女人該學習如何運用自己的優雅氣質吸引你想要的一切！

首先，要懂得化妝打扮（注意儀態形象）。每個男人都喜歡漂亮的女人，想要在眾多女人中贏得更高的回頭率和關注度，不管本身是否有好身材，但要注意自己的言行舉止和對待生活的態度，一定不能輸給別人。熱愛生活和懂得生活的女人，最容易讓人喜歡。

其次，要學會溫柔、可愛、甜美等女人本身就有的優雅氣質，但是作為女人有這些氣質還是不夠的，想要擁有尊貴的愛情，就要具備高潔的品質，比如：自尊、自愛、自信和自強。只有具備這些高貴品格的女人才能受人尊重，才能擁有高貴的愛情。有優雅氣質受人尊重的女人，往往都有三種特點：

一、**經濟獨立。**首先想經濟獨立需要先思想獨立，只有思想與經濟獨立才會得到男人的尊重。有一位女人，丈夫出軌被發現，她沒有絲毫的猶豫，直接選擇離婚，丈夫在她面前長跪不起、苦苦哀求，最終也沒挽回她的心。很多女人都羨慕這種堅決和瀟灑，而她在離婚之後依然深受別人的尊重，不會被人指指點點，根本原因就在於，她有能力有底氣，敢這麼做，而別人也不會覺得她這麼做有問題。如果經濟不能獨立，無論做什麼，都容易被人指指點點。因為沒有獨立，所以才會委曲求全。

二、**有原則和底線。**雖然說，女人需要善良，但如果你的善良

沒有原則，不但不會得到別人的尊重，反而還會被欺負。辦公室有個同事特別好說話，不管別人讓她做什麼，她都不會拒絕。同事都說她很好，而她也是樂呵呵的。但是，她覺得自己工作得很累，說：「為什麼啊，我也不想做老好人，但是怕拒絕別人之後受到責罵。開始時，我也拒絕過同事，但大家都說她小氣，而我最終只能妥協。」後來她發現，大家沒有因為她的妥協而真的尊重她，反而把使喚她當成了一種習慣，後來女孩離職。她的故事告訴我們，在公司裏一定要有原則，不然別人是不會尊重你的。你可以善良，但你的善良需要帶點鋒芒，你更需要學習如何優雅的拒絕。

三、**有格局眼界和思維價值。**很多受尊重的女人都會給人一種感覺，那就是她們的眼界和格局很好。整天喜歡說八卦的女人不太容易得到尊重，整天嚼舌根的女人也未必會得到尊重。而一個敢於投資自己、一步步把自己變優秀的女人，才是最值得尊重的。

對於女人來說，只要提升自己的思維價值，把自己變得更好，就會遇到更好的人，成為人生贏家。一個有氣質的女人，經濟是獨立的，設定有明確的底線和原則、逐漸變好的眼界和價值。這樣的女人，無論男女，都會發自內心的佩服和尊重。

2-3
優雅的女人更自由

最近流行一個詞叫「視覺年齡」，沒人會看你身份證是幾歲，你看上去幾歲就是幾歲。每個女孩都應有美麗的夢想，每個女人都應有優雅的權利，不管生活在哪個階段，身處於哪一時刻，女人的一生中一定要活出屬於自己優雅人生，別讓年齡綁架了你的魅力活法。

• 優雅女人的真正自由是做自己的主人

有這樣一個故事：一次，年輕的亞瑟王與鄰國打仗，結果戰敗被俘，但亞瑟王並沒有表現得頹喪，鄰國的君主感慨於他的樂觀，便沒有殺他，但提出一個條件：只要亞瑟在一年內找到一道難題的答案，就給他自由；如果亞瑟王沒在規定的時間內給出滿意的答案，就要主動回來領死。

亞瑟王答應了條件。然後鄰國的國王說出了問題：「女人最想要什麼？」亞瑟王回到自己的國家，立刻尋找資訊，雖然向智者、母親、姐妹等都做了諮詢，可是依然沒有找到滿意的答案。後來，一個謀士告訴他，可以去跟一個神秘女人請教，

她一定知道答案，但是她喜怒無常。亞瑟王思考著，約定的時間漸漸臨近，直到最後一天，亞瑟王只好跟隨從去尋找那位神秘女人。

女人似乎知道他要來，說：「我可以回答你的問題，但是價格很貴，同時還有個條件，那就是必須讓你的好友加溫娶我為妻。」亞瑟王打量著眼前的神秘女人，立刻拒絕，準備第二天動身去領死。結果，回去之後，隨從就將當天的狀況告訴了加溫，加溫有感於亞瑟王對自己的義氣，偷偷地去見了神秘女人並答應娶她，神秘女人說出了答案：「女人最想要的是能夠主宰自己的命運。」亞瑟王帶著這個答案去見鄰國國王，對方欣然接受，釋放了他。

加溫和神秘女人舉行盛大婚禮，亞瑟王看到朋友為自己做了這麼大的犧牲，痛不欲生。加溫卻保持著慣有的騎士風範，把新娘介紹給大家。洞房花燭夜，加溫溫柔地把新娘抱進新房，蓋頭被揭開，一個美麗溫柔的少女出現在眼前。加溫問，究竟是怎麼回事？女人回答說：「為了回報你的善良和君子風度，我願意恢復自己的本來面目，但是我只能半天以美女姿態出現，另外半天還要回復原來的樣子。夫君，你願意白天看美貌的我，還是晚上？」

加溫沒有選擇，只是說：「既然女人都想主宰自己的命運，那麼你自己決定吧。」於是，女人選擇白天夜晚都是美麗的。

這雖然只是一個故事，卻告訴我們一個道理：女人最大的自由就是能夠選擇自己想要的生活，而不是被社會輿論、倫理道德裹挾著行走。

• 真正的自由來自對情緒的管理

在我們身邊有這樣一種女人：外表很大眾，丟到人群裏根本找不出來，可一旦和她相處，卻覺得如沐春風，心情愉悅。同時，還有一種女人，外在條件優越，看起來很有魅力，可一旦近距離跟她交談，就會感到渾身不舒服，想要遠離。

兩種女人的區別就在於她們的情緒狀態：

第一種女人，瞭解自己的情緒，能夠很好地管理情緒，跟她在一起，人們會感受到穩定和祥和；

第二種女人，沒有處理好自己的情緒，跟她在一起，人們會感受到她的情緒起伏，甚至會破壞自身原有好的情緒狀態。

生活中，多數女人都屬於後者。她們覺得自己不自由，自己的情緒好壞依賴於外界變化：外部世界如我所願，我就開心；反之，我就不開心。這種思想，其實就是畫地為牢，只能將自

己牢牢困住。

實現了情緒自由，女人才能過上真正自由的生活：優雅的女人不會讓外界操控自己的情緒，開不開心，自己說了算。

情緒不是女人的敵人，不需要被打敗，也不可能丟掉，是女人終身可貴的陪伴；面對情緒，要學會平衡與清理。平衡，能夠讓自己的內在和諧；清理，可以去除掉舊有的情緒模式。做到了這兩點，才能真正實現情緒自由。

女人：

你的心很貴

一定要去裝最美好的東西

你的情緒很貴

一定要去接近讓你愉快的人

你的時間很貴

一定要去做有意義的事情

你的身體很貴

一定要每天梳理你的形體

你的生活很貴

一定要有綻放女人魅力的能力

你的人生很貴

一定要去學習優雅地老去

2-4
❧ 優雅的女人讓男人鍾愛一生 ❧

　　不論女人強大到什麼地步、事業做的有多大、擁有的權力有多大，都不能丟失女人的優雅。比如，一代才女宋美齡，直至高齡 90 多歲，每次會客之前都會化妝，這就是一個女人的優雅。優雅與端莊，知性與溫婉，時刻傳遞著女人的美，感動著這個世界。

　　優雅的女人是男人的最愛。愛美之心人皆有之，生活在這個世界，任何人都不會拒絕美麗，更不會忍心傷害一個優雅的女人，優雅讓世界變得更溫馨。

　　能得到男人賞識的女人，會用自己身上的優點緊緊地吸引住男人的目光，散發出由內而外的真正美麗。女人的氣質和優雅是無法裝出來的，有時候不經意的一個動作就能讓男人死心塌地。

一、**女人一定要有矜持含蓄與內斂**。矜持含蓄是女人的天性，這樣的女人即使遇到喜歡的人，也不會大膽表露出來。她們會將所有的喜歡都悄悄地藏在心底。這份矜持和內斂，讓男人格外疼愛，即使女人什麼都不做，只要一個眼神，

就能讓男人心服口服。

二、**讓自己充滿浪漫和情趣。**枯燥無味的生活中需要浪漫和情趣，跟一個懂情趣的女人在一起生活，會發現生活中很多美好的事情。她們會時不時地製造一些浪漫，讓男人重新體驗到愛情和生命的意義。跟這種女人在一起，男人一般不會太枯燥，反而會發現那些曾經沒有擁有過的東西，生活也會更甜蜜。

三、**保有善良，不計較是非。**任何人都不喜歡跟蛇蠍心腸的女人相處，否則自己會沒有安全感，還會在感情中受到傷害，根本沒有真情可言。優雅的女人會用自己的美好心靈去感化世界，不會計較生活的是非，對很多事情都會一笑了之，生活得很瀟灑隨意。跟這種女人相處，不會感到太大的壓力，反而能得到對方的體貼和諒解。

四、**保持精緻優雅和從容。**每個女人都能活成精緻的樣子，關鍵是看她有沒有為自己的美麗付出實際行動。有些女人舉手投足之間都散發著優雅，渾身上下透露出一股從容不迫的生活氣息，這是一種別人無法並肩的氣質。男人一般都比較欣賞和讚美這種女人，因為她們活出了生活原本應有的姿態。

五、**保持熱情洋溢，願意追尋新鮮感。** 優雅的女人喜歡追尋新鮮感，願意保持對任何人、事、物的熱情，更願意和另一半一起探索更多的未知。她們心胸寬廣，不會抱怨生活的瑣碎與不公，相反，大多熱愛生活，願意與男人一起嘗試新的事物，一起去各地旅行，一起實現夢想。在這過程中，雙方也會有更好的互動與交流，有利於感情的昇華。

願意追尋新鮮感的女人無論是在外在還是生活，都不會保持一成不變，總會想方設法在生活中製造小驚喜，例如：燙個浪漫的大卷，展現溫柔的一面；遇到特殊的節日，提前準備一份他想要的禮物，讓男人驚喜不已。這種女人總能讓人感覺到她身上的熱情和對生活的熱愛，就好像是一座永遠挖掘不完的寶藏，男人對這類女人一般都沒有抵抗力。

六、**讓自己有優雅氣質不膚淺。** 雖然說漂亮的女人吸引男人的目光，但優雅的女人更會讓男人念念不忘。無論女人長得再漂亮，也會有老去的一天，只有氣質會隨著時間的流逝而日益沉澱，這也是生活變遷和歲月沉澱的結果。氣質優雅的女人，往往與清新脫俗相伴，舉手投足之間都帶著一種大器。她們多才多藝，會用讀書來豐富自己的內涵，言談舉止都透露著高貴；她們都有一種風韻，心地善良，更

會用柔弱的雙肩承擔起妻子、母親的責任。這種氣質是長久的，是一種由內而外散發的魅力，會讓男人心動。

七、學習凡事有目標，做事幹練。優雅的女人並不是眼裏只有工作的女強人，而是個有計劃性的人。她們有自己的目標，且願意為了目標而努力，不會把時間浪費在毫無意義的事情上；而做事幹練的女人多數都非常有效率，無論是在生活還是工作中，無論是說話還是行動，都特別溫柔有力量。這種女人也更能吸引到優秀男人的目光。

八、愛讀書(愛學習)。女人最應該呵護的是「精神顏值」，富養自己的能力與靈魂。你的臉上、你的體態上、你的氣質、你的氣場裡，寫著你曾走過的路、看過的書、交往過的朋友、愛過的人，甚至你的人生觀和價值觀，都可以一覽無遺地被讀出來。只有內外兼修，綻放自我，才是女人最高級的美，最好的生活狀態！很多人說「年紀太大了」或「沒有時間」，「太遠了」等，其實學習不在早晚，優雅不分年齡，只要你願意改變。

Chapter 3
不同年齡不同之美

不同年齡的女人，有著不同的美。30 歲、40 歲或者 50 歲算什麼？只要你依舊充滿活力，不放棄自我，你的精彩才剛剛開始。世界上已經有很多男子能夠超越生物本能，去體會真正的性感和陳釀紅酒般女人令人沉醉的內涵了。

如果現在很美，那要留住你的美；如果你只是曾經很美，那要找回你的美；如果你從來沒有美過，那要喚醒和挖掘你的美。餘生，請你走近我，讓我幫助你將自己的美——優雅的展示出來。

3-1
 20 歲的女人朝氣蓬勃，充滿活力

古代女子 20 歲，叫桃李年華。原指桃李開花的季節，泛指春天，引申指青春年華，比喻青春年少。常用「粉淡香清自一家，未容桃李占年華」形容女子，初夏還不是盛夏的樣子，所

以「桃李年華」就用來代指 20 歲的女子。

在我們身邊，很多 20 歲的女人為了保持年輕漂亮，不惜花重金，有的購買昂貴的化妝品，有的長期服用各種保健食品，甚至有的還會去整容。對她們來說，只要能夠保持年輕，只要有效果，花多少錢都值。

不得不承認，美麗是需要成本來維持的。在金錢的支撐下，很多女人確實讓自己變漂亮了，看起來年輕又漂亮。但是，對於經濟條件一般的女人來說，也能保持年輕漂亮，即使沒有金錢作為支撐，同樣可以實現年輕漂亮。

20 歲的女人，會快樂地大笑，幸福地生活，勇敢大膽地去愛，讓身邊人感受到如沐陽光般的溫暖。人生之路漫漫，20 歲的女人應該是充滿活力的。

一、**保持心態永遠年輕**。20 歲的女人能夠坦然面對歲月的流逝，歲月可以在她的臉、身體上刻下皺紋，卻不能在她的心上留下一絲蒼老。哲學家**辛尼加**（**Lucius Annaeus Seneca**）曾說：「青春並不是生命中一段時光，它是心靈上的一種狀況。它跟豐潤的面頰，殷紅的嘴唇，柔滑的膝蓋無關。它是一種沉靜的意志，想像的能力，感情的活力，它更是生命之泉的新血液。」

辛尼加（Lucius Annaeus Seneca）古羅馬時期斯多葛派的哲學家、劇作家、政治家。

所以，女人的青春，跟年齡沒有關係，只跟心態有關。面對生活，20 歲的女人更加積極而優雅，她們有一顆少女心，喜歡買自己喜歡的衣服、穿自己喜歡的鞋、做自己喜歡的事，把自己打扮成最美的樣子。這種心態讓她們永保青春。

二、**保持熱情常在，充滿自信。**20 歲的女人就像一本永遠翻不完的書，她們的生活不會因為平淡的柴米油鹽醬醋茶而激情消退、失去趣味。她厭倦一成不變的日子，會用各種方式讓自己的生活始終保持一種新鮮感，活出自己想要的樣子。

女人如水，20 歲的女人會將生活過成一泓清泉，沒有活力的女人則會將生活變成一灘死水。她們不會因他人的目光而駐足停留，不會因生活的挑戰而卑微逢迎，相信自己值得最好的。她們不會放棄自己的追求，不管是面對生活，還是面對愛情，都會用百分百的熱情去挑戰。20 歲的女人人生最有趣、最有色彩。她們會保持自己的活力與激情，即使是重複蒼白的日子，也會變得多姿多彩。

三、**20 歲的女人喜歡運動。**運動就是女人最好的護膚品。20 歲的女人喜歡運動，運動之後，看起來會更加容光煥發。運動可以增強人體的心肺功能，加快血液循環，給皮膚提供

充足的營養和水分，讓皮膚更有彈性和生命力；同時，還會加快人體的新陳代謝，達到排毒的效果，因此，20 歲的女人臉色看起來是紅潤的。空閒的時候，她們不會老坐著，只要一有時間，就會讓自己動起來，比如：跑步、跳繩、快走、爬樓梯、打羽毛球、鍛鍊自己的形體等，做出你最喜歡的選擇——動起來。

3-2
～30 歲的女人更獨立、更自由、更獨特 ～

經過時光的雕琢，30 歲的女人會散發出自己獨特的魅力，讓男人著迷。她們雖然沒有小女生的純真可愛，但是自身的韻味也讓男人為之癡狂。作為 30 歲的女人，渾身上下會多了幾分沉穩，經過社會的打磨後，更會領悟到獨立是女人最應該有的。

一、**經濟獨立**。錢雖然乃身外之物，但無論是男人還是女人都離不開它。有些女人總是認為男人應該多賺錢，而女人可以坐享其成當一個全職太太，這個想法本身沒什麼問題，但實際上已經宣示了女人自己的地位。經過生活的磨礪，30 歲的女人經濟是獨立的，她們不求什麼大富大貴，但如果被男人拋棄，卻能帶上自己的積蓄漂亮地轉身離去。如果有人富養你的生活，請別忘了記得富養自己的能力。

二、**思想獨立**。成功的感情往往都能成就最好的自己，靈魂上獨立，心靈上相惜，互不牽絆，不怕失去。30 歲的女人思想獨立，有自己的興趣愛好，有自己的生活圈，有自己的朋友，不會被他人牽制，能時刻保持自己獨立優雅的姿態，堅強、執著、淡然，不但能好好守住自己的愛人，自己的生活也更多姿多彩。

三、**知識獨立**。男人更喜歡有才華、有智慧、懂得生活、對生活充滿熱情的女人，而 30 歲的女人往往就是這樣的女人。她們學識豐富，不僅會從學校積累知識，也會從社會上積累經驗，提高自己的情商和美商。

四、**衣著獨立**。30 歲的女人會穿出自己的穿衣風格，不會盲目從眾。她們能找到屬於自己的穿衣風格，不會被大眾趨勢所迷惑。如果她的長相比較文靜，就會穿稍微素雅大方的衣著，既端莊得體又魅力十足；如果她的長相比較可愛，就會穿稍微顯得減齡一些，比如，搭配一個貝雷帽，更會錦上添花。她們知道，衣服並不是越貴或者越花哨就越好看，適合自己才最重要。

3-3
❧ 40 歲的女人成熟端莊，美得接地氣 ❧

如果要問，什麼樣的女人最有魅力的？我覺得，不是那種面容姣好、身材纖細的女人，而是成熟端正的女人。這種女人，即使是在擁擠的人群中，也能被一眼發現。40 歲的女人美得接地氣。她們有專屬自己的人格魅力，會形成一個巨大的磁場，那種特別的氣質，既藏不住的，也無法掩蓋。

40 歲的女人經歷過世故，更能將女人的韻味體現得淋漓盡致。

一、**氣質吸引力強**。現在，生活經濟條件好了，越來越多的女人更注重對自己的保養。雖然已經 40 歲了，但是魅力女人的臉上看不到絲毫的歲月痕跡，不會太顯老。有些 40 歲的女人，看起來就像是 30 歲出頭，甚至顯得更小；而跟那些年輕姑娘比起來，她們的身上又會多出一些特殊氣質，俗稱女人味。

那是一種內在的積累、修煉和沉澱，會從內而外散發出的一種女人氣質，就是成熟的氣質和魅力。年齡從來都不是女人的負擔，而是歲月最好的饋贈：風韻猶存、端莊優雅。沒有經歷過生活的錘煉，是培養不出這種氣質的。

二、**相處起來很舒服**。40 歲的女人，真正的迷人，不是來自視覺上的征服和吸引，而是相處過程中的一種舒適感，讓人著了迷。這個年齡段的女人，思想已經非常成熟，變得越來越知性。豐富的人生經歷和閱歷，磨平了她的稜角，對於生活有了全新的認識，沒有了年輕時的任性、無知和刁蠻；她們會理性面對和解決生活中的種種問題，也會變得越來越簡單；她們更懂生活，而那種境界和認知，是可以互相影響的，對於男人來說，更是一種享受。

三、**更加相信自己**。40 歲，是人生的一道分水嶺，一旦過了 40 歲，對人生和生命就會有另一番瞭解。40 歲的女人經歷過生活，經歷過現實，更加看透和看淡，在接下來的日子裏，會以一種不卑不亢的態度去對待生活。沒有了年輕時的慌張，也沒有了年輕時的迷茫，更沒有了年輕時的衝動。看似不急不慢，不驕不躁，其實每個動作都是一道靚麗的風景線，舉手投足間都透著一股自信和淡然。這種對生活和生命的態度，培養獨特的氣質。

四、**更智慧，有內涵**。40 歲的女人會透過自己的言行舉止直接將內心表現出來，這也是真正的魅力所在，就像是一塊寶玉。落落大方是一種涵養，寬容大度也是一種涵養。有時，年齡不是絕對的，但毫無疑問，一個有內涵的 40 歲女人，

不管什麼時候，都是最迷人的。真正的有智慧，並不是精於算計的那一種，而是大智若愚、難得糊塗；她們知道自己需要什麼，能夠為了自己需要的付出和犧牲，絕不會用自己的智慧去算計別人。

五、有事業，有成績。 40 歲的女人受過良好教育，有奮鬥意識，小有所成。經過數年職場中的打拚，她們會從一個幼稚的女孩鍛鍊成一個幹練的女人。對於未來，她們有著清晰的規劃，在深刻剖析自我潛能的同時，還能敏銳捕捉事業良機；不再會像小女孩一樣人云亦云，頭腦裏的智慧會逐漸形成。

六、經濟獨立。 40 歲的女人經濟獨立，思想和行動更獨立，或許她們尚不能開跑車、住豪宅，但自食其力的硬氣卻能彰顯人格尊嚴。那一雙塗有蔻丹的纖纖玉手，不僅能靈活地敲擊鍵盤，還能輕鬆搞定一日三餐，過好自己想要的生活。

七、有思想和見解。 40 歲的女人很能幹，閱歷更豐富，男人能夠從她身上學到一些自己暫時缺乏的東西。面臨選擇的時候，她們更能適時地給予關懷，以自己的生活閱歷為男人提供有用的建議，幫助男人解決困難。她們懂冷暖、知分寸、又貼心，男人都更加喜愛。

男人也需要溫暖的港灣，每當遇到困難或者不順心的事情，已經成年的他們已經不可能像小孩子一樣向母親撒嬌尋求安慰，這個時候 40 歲的女人會用自己的成熟給予他們如母親般的關懷和幫助。

3-4
❧ 50 歲的女人更灑脫，更有風韻 ❧

有這樣一句話：「人生就是一場長達百年的馬拉松，50 才剛剛走到一半，另一半行程才是真正的人生。」女人到了 50 歲，人生已經過了大半，工作上不用再像年輕時那麼拚命；而且，孩子已經長大，家庭也變得更穩定，整個人的生活節奏也會放慢很多。

有人說 50 歲知天命，對於女人來說，50 歲也是一個不大不小的坎，優雅的女人會讓自己越過越好，這才是一個 50 歲女人最需要的智慧與分寸。

一、**不太在乎另一半，回歸自己**。對於女人來說，20 歲是最美好的年華，也是對愛情最在乎的年紀；到了 50 歲後，優雅的女人會將重心回歸到自己身上。他們對另一半不會太在乎，會努力尋找彼此生活的默契，更重視陪伴的品質。經歷歲月的磨煉，50 歲後，雙方的感情大都會趨於穩定。這種默契與穩定是對彼此生活習慣的瞭解與接納，更是雙方磨合後達成妥協最好方式。對另一半不太在乎，就能在感情的心態中趨於平和，找到通往自己內心之路。

二、**不在乎瑣碎的事情，更加灑脫**。女人到了50歲後，會從瑣碎的生活中完全解脫出來，重新認識生活中的事情，不會讓一些沒做好的小事就影響了自己一天的心情與狀態，不會刻意苛責自己，不會內心焦慮。50歲的女人會用豁達的心態看待生命中所有經歷的一切，她們會從心境上解放自己，讓自己不會越忙越累，能夠活出自己的充實感。

50歲後的女人，會品味人生路上走過的風景，思考自己如何走得更好，如何超越自己，這時的女人也最有魅力。她們的生活非常充實，學習插花、做烘焙蛋糕；50歲的女人，對待生活的態度是一種寵辱不驚，是一種淡然，更是一種超脫。她們不會過於計較生活中的事情，而會活出自己的心境。

三、**不會過度操心孩子，重拾夢想**。女人到了50歲，多數孩子已經長大成人，她們會學會放手與祝福。孩子長大了，自然會有自己的生活與安排，50歲的女人更相信孩子的能力，並發自內心地相信孩子會有能力處理好這些事情。女人到了50歲，會重拾對生活的熱愛，更會熱愛自己，將過去曾經因為忙碌而丟失的夢想撿起來，重新出發，發現生活中更加嶄新充滿希望。我非常期待自己的50歲，那你呢？

中篇

形體調整

> 有一種希望，向陽而生；有一種夢想，讓愛傳承；有一份責任，愛人利他。沒有人生來就完美，每一個綻放的女人，都需要經歷過無數的打磨才可以成就。時光不負追光者，歲月不負有心人。看似簡單的動作背後，都是經過訓練得來的成果。

形體訓練也叫【六體】管理：【體態】、【體齡】、【體質】、【體脂】、【體型】、【體格】都會發生變化

　　未來你將會發現身邊的女性都會愛上形體儀態訓練，因為時尚可以雕琢，氣質卻無法偽裝，曲線更無法掩飾！！ 誠摯邀請你來體驗。

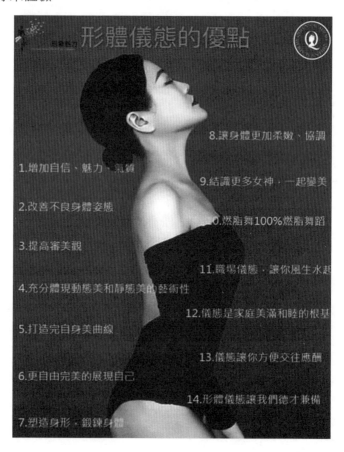

Chapter 4

神態：女人的魅力
都是透過神態來傳遞的

　　女人的神態是其內心的一面鏡子，能夠直接照出心靈的美與醜；神態是一個女人綜合氣質的表現。美麗的外貌、健康的身體、良好的心態、內在的涵養，可以共同打造一個女人的美好神態，傳遞出一個女人的魅力。

　　不是每個人，都能長成自己想要的樣子；但每個人，都可以透過學習努力成自己想要的樣子。相信自己，你能作繭自縛，就能破繭成蝶。

　　很多女人其實不知道神態的重要性，事實上，每一個人的面部表情會無意識地流露出許多訊息，當你觀察一個人無意識的表情，不僅能夠知道他此時此刻的情感，還能夠知道他即將會產生的情感。

　　從早上醒來的那一刻，你會開始面對生活上每一個你所接觸到的人，而神態魅力對女人而言，能夠充分展現出風情與韻

味，以及表達內心的情感與情緒。我認為女人可以長得不漂亮，但是一定要透過學習，讓自己的神態具有魅力，運用神態傳遞自己的情感、表達心中的言語。

4-1
❧ 眼神 ❧

現代人的眼睛，功能無非是「看」。事實上，由於生活型態的轉變，我們大量地閱讀、使用手機和電腦，雙眼逐漸變得呆滯無神，過度地使用眼睛，導致雙眼過勞、患上眼疾，甚至我曾遇見很多學生向我訴苦，說自己的年紀越來越大，而眼睛越變越小。

眼神對一個人而言是非常重要的，除非你是演員或表演工作者，你才有可能學習到眼神的運用方式、眼神的傳達技術。身為女人，如果雙眼目光呆滯，如同一對死魚眼，必須透過學習，擁有一對炯炯有神的眼睛，眼神會微笑、會放電、會勾人，甚至更能傳達情感。

「眼睛是心靈的窗戶」，眼神可以淋漓盡致地表達出一個人的情緒，甚至流露出言語難以表達的微妙情感。當你學會使用眼神傳遞，就像是換了一個人，為一個女人注入新的靈魂。

　　許多女性因為年齡增長，或是錯誤地使用眼輪匝肌，俗稱上下眼皮，導致眼皮鬆弛，甚至笑的時候，眼睛周圍肌肉發力不足，造成眼角細紋增多。在我多年的授課經驗中，透過眼神學習，我幫助了很多女人，讓原本下垂的眼皮上提了，無神的雙眼變得靈動有神，學習過後她們都很驚訝，原來眼神可以如此柔美動人，女性在乎的眼睛周圍的細紋，甚至黑眼圈及眼袋都可以透過學習調整，都有非常明顯的改善，超乎你的想像與預期，你一定要走進魅力神態，特別是眼神的學習。

　　印象深刻的是，我曾有一位學生，長年使用 3C 產品導致近視度數不斷加深，透過眼神的訓練，不僅降低了近視度數，更讓眼睛變得靈活了。

　　事實上，眼輪匝肌這一塊的肌肉非常薄，它是沒有辦法去運動到的，然而透過眼神及眼球的訓練，只要用對眼肌去微笑，不僅能將眼袋變成美麗臥蠶，更能讓雙眼越來越大，消除眼周細紋。

▲ 原本的眼袋透或學習與調整後變美麗的臥蠶

　　水靈傳神的眼睛是明亮且乾淨的，能夠自然而然地流露情緒，這種魅力少不了眼珠的輔助。眼珠的透光性強，如星星般閃耀，不過，有時即使是眼睛精緻、眼珠明亮的人，依然沒有靈魂。

　　戲曲界有一句老話：「一身之戲在於臉，一臉之戲在於眼。」老人家常說：「眼裏沒戲，戲就全沒了。」**章金萊老師「六小齡童」**在講述自己扮演孫悟空一角時，曾經由於近視，眼神渙散不夠「靈氣」。

在拍攝「西遊記」的時候，他最怕聽到的一句話就是「猴子，你的眼神又不對了。」孫悟空的化妝需要帶面具，臉上的表情看不出來，如果眼神沒有表現出來，美猴王的神韻也就不見了。**六小齡童**開始苦練眼神，他盯著燈泡練耐力、看乒乓球和運動的飛鳥訓練眼神靈活度，功夫不負有心人，終於鑄就了後來的經典輝煌。

靈動的女人，魅力女人也需要。那麼、該如何開啟入門級眼神訓練模式呢？有一種非常簡單卻行之有效的訓練方法，就是每天早晚練習眼球，順時針、逆時針旋轉各 50 次。看似簡單，但是需要堅持才能有所收穫。初期開始訓練，可以閉上眼睛緩慢旋轉；逐漸習慣適應後，再睜開眼睛開始正式練習。如果感到頭暈不適，前期可以採取分次練習的方式。一天練習 3 次，每次順時針、逆時針各轉 20 次。

眼睛是心靈的窗戶，眼神在面對面溝通中有極重要的作用。眉目傳神，目光中能折射出你的內心世界，從目光中可以看出你的友善和關注，以及你的迷惑不解或憤怒。

想要擁有一雙靈動的眼睛，只要每天堅持 5 分鐘以下動作即可：

六小**齡童**，中國知名演員，本名為章金萊，為「章氏猴戲」世家的成員，以扮演孫悟空角色享譽中國。

1. 伸出食指，讓眼睛跟著手指移動。當然，頭不動，動的只是眼睛。

2. 食指在眼睛前方左右移動。

3. 食指在眼睛前方上下移動。

4. 食指順時針畫圈，再逆時針畫圈。

　　每一個動作都要做到極致，讓眼球轉到極限，效果最好。

　　女人目無表情，眼神呆滯，魅力就會大打折扣。我們經常講「神形」，神與形是密不可分的。作為一名有魅力的女人，要注重眼神的訓練。

　　通過下面的這組練習，也能通過眼部的運動讓眼神靈動起來。

1. 左右運動。

2. 上下運動。

3. 右轉圈。

4. 左轉圈。

·讓男人著迷的四種魅力眼神

女人的氣質、感覺通常都是通過眼神來傳遞的。有些人覺得好氣質很難培養，其實是因為她們不知道在氣質幾大的必修點中，第一個就是眼神。如果一個女人面無表情，眼神呆滯，她的魅力就會大打折扣。眼睛是心靈的窗戶，可以看出人的自信、生命的狀態，擁有親和力的笑容和靈動的眼神，才能魅力四射。

讓男人著迷的魅力眼神，如下所示：

一、**單純的眼神**。為了顯示自己的單純，可以把眼睛睜得大一點，但不要特別大，否則只能讓別人看到你的眼白和瞳孔，不僅沒有美感，還會顯得你生病。所以，化妝的時候，眼睛要畫的偏圓一點，不要露出黑眼仁上半部分的眼白，眼神要帶一點求救的意味；不要定定地看著你的對象，要有意無意地望向他一眼。同時，你的美貌也對眼神起到關鍵重要的作用，求救時為了表達懇切，要微微地蹙眉。另外，眉形也很重要，可以參考電視劇「花千骨」中演員趙麗穎的傻白甜形象的女主角，她的眼神就很單純、很無辜。

二、**好奇的眼神**。這個眼神適用於針對有興趣或想了解的人事物。向自己喜歡的男生提問時或尋求其他幫助時，可以蹲

在他身邊，不要對面，如果前面有桌子，最好將胳膊肘放到桌子上，將雙手放在顴骨上，只讓他看到你的眼睛，用好奇的眼神看著他，可以觀察一下他的反應。

三、**悠長的凝視**。跟意中人進行密集的強烈的目光接觸時，可以使用這種眼神，也是他愛上你的第一步。因為當人們喜歡一個東西時，就想要多看幾眼。研究表明：在交談中，人們的目光接觸只占談話時長的 30% 至 60%，如果在潛意識裏要想對方知道「我好想愛上你」的感覺，就要在談話過程中讓你們的目光達到 75% 以上的接觸。

華人的女性都偏向害羞，跟男生說話的時候不喜歡用眼神接觸，這樣會錯過大把的機會。所以，一定要勇敢地跟男神直視。科學研究還表明，人們往往更鍾愛瞳孔偏大的眼睛，就是我們所說的電眼。如果你沒有天生的電眼，面對心上人的時候，就要盯著他的臉上你認為是最完美、最喜歡的部分看，這時你的瞳孔會自然放大，這就是一個小妙招。

四、**眷戀的眼神**。戀戀不捨的凝視，能激起對方心中原始而又略帶不安的感覺，還能誘發身體裏的化學物質，使它們充進我們的血管，讓我們心醉神迷；而當你們因外物干擾或

時間到了需要移開眼神的時候，首先要表現的戀戀不捨，如同慢鏡頭一樣。所以，女孩一定要敢於展示自己、不要被動地等待男生去發現，眼神就是個人展示的第一步。

• 如何練就有魅力的眼神

充滿生機的笑容讓眼睛顯得熠熠生輝。魅力女人的眼神一般都是：頭部端正，目光正視前方，給人端莊大方的感覺。早期電視臺的新聞主持人就是經典代表。現代女人要懂得在不同的場合展示不同的魅力。頭稍側一點，眼角嘴角帶笑，眼神帶出來的感覺就跟頭端正，目光正視前方的感覺就不一樣。要想讓眼神媚一點，並不需要把眼睛瞪得很大，比如，趙薇的大眼睛和林憶蓮的眼睛相比，林憶蓮的眼神給人的感覺就更有女人味、更媚一些。

一、魅力的眼神練習

平時看電視時，要多留意舞蹈演員的眼睛。

二、微笑的眼神練習

用手遮住鼻子和嘴，做對比練習。讓眉頭舒展，眼角微微上提，即我們常說眉開眼笑。化妝時，之所以要將眼角的眼線

向上，是因為這種做法能讓人顯得年輕。

人不是因為幸福而微笑，而是有了笑容才會幸福。因為幸福而笑是被動的，因為笑而幸福則是主動出發的，是積極表現自我正面感情的產物。生活中，並不是等待對方對自己露出笑容後再報以微笑，而是不斷主動地向對方投以微笑。

笑容需要「形」和「心」的統一。所謂形就是，從外型上要讓對方清楚地看出來你的笑容。而心這是指，從心裏發現真心地微笑。

笑容的嘴角，練習具體方法是：只要嘴角上揚，就可以面帶微笑；露出牙齒，傳遞微笑的感覺。需要說明的是，嘴角向上不僅只是外型上的，它會幫助我們形成笑的心情；另外，嘴角向上，眼睛變細，會讓我們看起來平添一分溫柔；越是壓力大和緊張，越要咧開嘴角。

·訓練方法：一次性筷子的練習

把嘴角的形作為「技術」來掌握，外型有了，心裏隨之就有了；有意識地從外型入手，直至養成微笑的習慣。

【練習】

1.眉毛眼角上提，兩腮向上，嘴角向上。

2. 不露齒的微笑：嘴角向上。如網路貼圖微笑的臉，嘴角朝上。

3 露齒微笑：露出 8 ～ 12 顆牙齒。

4-2

微笑

優雅的女人會將微笑時刻掛在臉上。俗話說：「回眸一笑百媚生」，肢體語言可以創造情緒，擁有微笑的表情，就會從內心真的高興起來，接下來就有好事發生。

真誠的笑容往往能感染、治癒他人，給人一種如沐春風的感覺。透過修煉面部笑容，讓微笑時刻保持，這是優雅從容心境的開始。蛻變，從細節上開始做起。微笑，雖然是一個很簡單的動作，卻能夠像涓涓細流一樣給人帶來溫暖和愛。

微笑，是人類最美的語言，每天對自己微笑，可以讓自己整天都保持好心情。微笑，是表情中最能賦予人好感的、是全世界通用的情感溝通技巧。喜歡微笑的人，一般都是熱情的、有修養的、魅力無限的。當然，好看的微笑並不是天生的，可以經過後天的訓練，讓微笑變得更加自信迷人。

事實證明，人見人愛的女人，大多都有一副天生親和的笑模樣。對世界笑得甜蜜蜜，世界自然會還給她們一段甜蜜的人生際遇。所以，不想搞砸自己的人生，就要熟練掌握微笑這門技能。

微笑比語言更傳情。

微笑能獲得對方的好感。

微笑是最好的藥可以治癒一切。

微笑能夠化解社交中的問題。

無論何時何地，遇到什麼困難和挫折，優雅的女人都會笑著面對挑戰。

在日常生活中，男人和女人的微笑，卻有不同的笑意。

微笑，是男人的一種情緒表達方法，卻是女人的一種生活溝通方法。男人的笑，多是因為目睹了值得笑的事情，而女人的笑卻有包含著多重涵義。比如，肯定一件事情的時候，女人會笑，這是肯定的笑，讓人感受到鼓舞；在否定一件事情的時候，女人也會笑，這是否定的笑，可以讓人避免尷尬。不知道該肯定一件事情，還是否定一件事情的時候，女人會笑，這是不輕舉妄動的笑，暫時保持中立。

微笑是女人的一種特殊語言，是魅力女人緩和突發性難題的一種手段。能幹的女人，會用辯才讓對手服輸；魅力女人會用微笑讓世界低頭。

男人都不喜歡冷美人，即使不小心愛上了冷美人，也會千

方百計想要把她變成笑美人。不要發愁自己得不到心儀對象的眷顧，問問自己：「你懂得對他微笑嗎？」如果想引人好評或得到愛，就不能給人有距離感，而融化距離感的最佳方式，就是微笑。想讓對方愛上你，就要先用微笑破冰。

・會笑的女人，男人才會愛。

甜美的微笑比任何花哨的語言都更有說服力，微笑是人際交往中最好的潤滑劑，可以在片刻間縮短人與人之間的心理距離。微笑是最動聽的語言，如果你不善言辭，就要亮出你的微笑。

拿破崙・希爾（Napoleon Hill；現代成功學大師，著作有《思考致富》、《心靜的力量》）曾這樣總結微笑的力量：「真誠的微笑，其效用如同神奇的按鈕，能立刻接通他人友善的感情，因為它在告訴對方：『我喜歡你，我願意做你的朋友』。同時，也在說：『我認為你也會喜歡我的』。」

世界名模辛蒂・克勞馥曾說：「女人出門時若忘了化妝，最好的補救方法便是亮出你的微笑。」真誠的微笑，能夠表達出一個人的寬容、善意、溫柔和愛意，更是自信和力量。

微笑是一個了不起的表情，無論是你的客戶，還是你的朋

友，甚至陌生人，只要看到你的微笑，都不會拒絕你。微笑給生硬的世界帶來了嫵媚和溫柔，也給人的心靈帶來了陽光和感動。人類是上帝最眷顧的寵兒，上帝也把笑賜給了人類，使它成為人類擁有的特權。在日常生活中，微笑是女人的當家武器，微笑的女人是陽光的、自信的、成熟的、和善的、聰慧的、優雅的、快樂的、幸運的、幸福的……。

英國倫敦大學的神經科學家索菲‧斯科特（Sophie Scott）曾做過這樣一個實驗：給 20 位志願者播放錄音，並通過核磁共振掃描器監測 20 位志願者的大腦活動。這些錄音裏有笑聲、歡呼聲、抱怨聲和不帶有任何感情色彩的人造聲音。結果發現，所有具有感情色彩的聲音都能引起大腦前運動皮層的活動。其中，大腦對笑聲和歡呼聲的反應比對其他表達消極情緒的聲音的反應要劇烈許多。

最終得到結論：聽到別人的笑聲和歡呼聲時，我們會本能地想去模仿。也就是說，笑聲比其他聲音更有感染力。

當然，微笑並不僅僅是簡單地做出面部表情，而是真誠的、由衷的。在不情願的情況下，做出機械的、虛偽的微笑，只會招來別人的厭惡和反感。

一、外出時，要對著鏡子看看自己是不是愁眉不展。然後，抬起頭，挺起胸，深吸一口氣，讓清新的空氣充滿你的胸膛。

二、在路上，不管遇到誰，只要是你認識的，都要微笑著面對她們；如果需要握手，握手的同時，必須要真誠地表達當下的快樂心情。

三、遇到所謂的敵人時，整一整衣服，動一動裙子，微笑著向他走去，發自真心地說一句：「你好。」記住，欲望是一切事情的根源，只要真心地祈求，就一定會得到。不管心裏最關注的是什麼，一定會得到。記住，放鬆你的臉，微笑著面對所有的人，你將成為明天最美麗的天使。

• 練習優雅微笑，保持優美的臉型

對微笑進行刻意訓練，進行有意識的管理，能夠讓我們更加得體，給我們的印象加分，並在一定程度上提升個人氣質。最迷人的微笑，必定是發自內心的，不僅是嘴唇在笑，也意味著眼睛、鼻子、面頰肌肉、眉毛等部位都在笑。在現代社交中，微笑更是有效法寶。富有魅力的微笑可以通過訓練，有意識地改變和提升。

一、微笑訓練的方法

要想練習微笑，可以從以下幾方面開始：

1. 樹立微笑意識。開始微笑訓練之前，要明確「為什麼要微笑」，比如：心中疏散壞情緒。樹立微笑意識，是開始微笑訓練的基礎。

2. 將書頂到頭頂。笑起來，我們都會不自覺地將頭有些上揚，容易被人誤解為驕傲；而低著頭微笑，又會讓人覺得是在害羞，不夠落落大方。因此，做頂書訓練，就要將頭擺正，這樣的微笑才會更有氣質。

3. 嘴裏含根筷子。用牙齒咬住一根筷子微笑。露出的牙齒數量和嘴巴微笑的弧度，都能得到很好地訓練。

4. 對鏡自攬。就是自己照鏡子訓練，重點在於：微笑的弧度、露出的牙齒數量、眼睛有沒有上揚等。當然，採用這個方法，前提是知道微笑的標準。

5. 回憶快樂事情。如果擔心自己笑不出來，可以回想一下記憶中有哪些讓我們快樂的事情。想到這些美好的事情，自然就會嘴角上揚，一個漂亮的微笑就出來了。

二、微笑訓練的步驟

微笑訓練，通常要經過如下步驟：

1. **讓肌肉放鬆下來**。放鬆嘴唇周圍肌肉是微笑練習的第一階段，又名「DO RI MI 練習」的嘴唇肌肉放鬆運動，是從低音 DO 開始，到高音 MI，大聲地清楚地說 3 次每個音。不是連著練，而是一個音節一個音節地發音，為了正確的發音應注意嘴型。

2. **給嘴唇肌肉增加彈性**。形成笑容時最重要的部位是嘴角。如果鍛鍊嘴唇周圍的肌肉，能使嘴角的移動變得更幹練好看，也可以有效地預防皺紋。嘴邊變得幹練有生機，整體表情就會給人有彈性的感覺，在不知不覺中顯得更年輕。

（1）張大嘴。大嘴能夠讓嘴周圍的肌肉最大限度地伸張，能感覺到顎骨受刺激的程度。保持這種狀態 10 秒。

（2）使嘴角緊張。閉上張開的嘴，拉緊兩側的嘴角，使嘴唇在水準上緊張起來，並保持 10 秒。

（3）聚攏嘴唇。使嘴角緊張的狀態下，慢慢地聚攏嘴唇。出現圓圓地卷起來的嘴唇聚攏在一起的感覺時，保持 10 秒。

（4）保持微笑 30 秒。反複進行 3 次左右。

（5）用門牙輕輕地咬住木筷子。把嘴角對準木筷子，兩邊都翹起，並觀察連接嘴唇兩端的線是否與木筷子在同一水準線上。保持這個狀態 10 秒。在第一狀態下，輕輕地拔出木筷子後，練習維持那種狀態。

3. **形成微笑。**在放鬆的狀態下，根據大小練習笑容的過程，關鍵是使嘴角上升的程度一致。如果嘴角歪斜，表情就不會太好看。練習各種笑容的過程中，就會發現最適合自己的微笑。

（1）抿嘴微笑。把嘴角兩端一齊往上提，給上嘴唇拉上去的緊張感；不露出門牙，保持 10 秒之後，恢復到原來的狀態並放鬆。

（2）開口微笑。慢慢地使肌肉緊張起來，把嘴角兩端一齊往上提；給上嘴唇拉上去的緊張感；露出上門牙 6 顆左右，眼睛也笑一點；保持 10 秒後，恢復到原來的狀態並放鬆。

（3）露齒微笑。一邊拉緊肌肉，使之強烈地緊張起來，一邊把嘴角兩端一齊往上提，露出 10 個左右的上門牙，同時稍微露出下門牙。保持 10 秒後，恢復到原來的狀態並放鬆。

4. **保持微笑。**一旦找到滿意的微笑，就進行至少維持那個表情 30 秒中的訓練。照相時，不能敞開笑而傷心的人，重點進行這一階段的練習，就能獲得很大的效果。

5. 修正微笑。 雖然認真地進行了訓練，但如果笑容還是不完美，就要看看其他部分是否有問題。如果能自信地敞開地笑，就可以把缺點轉化為優點，不會成為大問題。

我認為「笑」，區分為有意識與無意識。有些人生活久了，他漸漸地忘記如何嶄露笑容，甚至無法打從心底散發真正的笑。我常常在我的教室告訴學生們：拍照要笑。而我卻時常得到相同的答案，她們會告訴我：她已經笑了，但事實上她並沒有笑，我甚至感受不到「笑的感覺」。

透過忙碌的生活和腦袋的意識，有些人失去了，甚至遺忘了臉部肌肉的微笑記憶。事實上，我們的肌肉和笑容是有記憶的，它可以清楚刻畫在臉上。

很多人平常在笑的時候是屬於無意識的，不知道如何用意識控制肌肉發力。隨著衰老，人體代謝開始減緩，身體脂肪率提高，肌肉含量下降，脂肪體積大，也容易出現在面部，因此會出現年紀越大臉也越大的情形，加上地心引力的緣故，面部的最高點開始下移，肌膚鬆弛、下垂。

因此要學習使用正確的方式，有意識地控制肌肉發力去微笑，改善臉部肌肉幅度與肌肉走向，可以自然而然地讓嘴角和蘋果肌上提，讓原本下垂的輪廓線拉提，甚至達到緊緻臉型的

效果，實現精緻 V 字小臉，在很短的時間內，得到不動刀的整形效果。

　　上述微笑訓練的方法十分重要，並且終身受用，歡迎你把它實際運用在生活當中，再跟我分享你的美麗收穫。

　　最後，我要送給看到這本書的你，對於表情管理的重要觀念，記住一定要學會去管理平常的表情，因為表情是瞬間的相貌，相貌是凝固的表情；你的表情會影響未來的相貌，甚至影響你的人生與命運。

Chapter 5

臉部‧神態：
女人都要學習的一堂課

人的臉上藏著人一生的禍福風水。

人生每一次情緒起伏都會在悄無聲息間調整你的面容。

短時間內，似乎誰都看不出差別，但美和醜的種子卻已經悄悄種下。

你的心態是什麼樣，你的臉就是什麼樣。

相由心生，由臉相可觀心相。

習慣決定命運，習慣還決定了你的長相。

所以，讓我們保持微笑、保持敬畏、保持感恩、保持立德、保持清理。

願我們由心而生的那張臉都能越來越好看！

—摘自《道德經悟道心得》

臉是女人的第一道風水。臉部，會給人留下第一印象。因此，關注臉部保養，女人也就有了一張好看的名片。

5-1

消除暗沉，不當「黃臉婆」

　　什麼是「黃臉婆」，就是對自己肌膚不重視導致的膚色蠟黃黯淡無光，而且皺紋深斑點多的一種皮膚衰老現象。也折射出一個女人對護膚的不重視和自己的生活狀態。30 歲的女人正是風華正茂，不要因為這幾個特徵而使自己變成了「黃臉婆」，所以，一定要注意這幾方面的保養，才能避免影響氣質和拉低顏值。

　　每個女人都想擁有光滑水潤的肌膚，但是如果經常熬夜、生活飲食不規律等，臉色就會暗沉發黃，看起來沒有精神。要想給別人留下良好的印象，就要努力改善這種問題。

　　要想不做「黃臉婆」，就要注意以下幾個方面的內容：

一、**嚴格作息時間。**經常熬夜會影響到身體細胞的正常代謝，使身體內的毒素沒法排出，皮膚就會跟著受傷，繼而變得暗黃沒有光澤，因此，平時要保持充足的睡眠，儘量不要熬夜。

二、**外出時做好防曬。**紫外線照射是導致皮膚暗黃的重要因素，平時一定要做好防曬工作。出門前 20 分鐘，要塗抹防曬品，

也可以帶把遮陽傘，防止紫外線對皮膚造成傷害。

三、**儘量不要熬夜**。保持充足的睡眠，可以使身體順利排出毒素。經常面對電腦的上班族，更要多補充水分，隨時做好保濕工作，以免由於肌膚缺水而導致乾燥暗黃。此外，還要多吃一些含有維生素的食物，啟動美白去黃的作用。

5-2
做好眼部保養，避免「黑眼圈」

　　眼睛是心靈的視窗，明亮的眼睛可以讓女人頓生光彩。可是，最容易老化的部位卻也恰好是眼睛。

　　每天要眨眼上萬次，眼部皮膚非常薄，久而久之就會出現鬆弛、皺紋等老化現象。除了皺紋，黑眼圈問題也困擾著許多愛美的女人。要想去除黑眼圈，首先要搞清楚黑眼圈的成因。黑眼圈出現的原因有許多，但要避免以下：

　　第一，由於睡眠不足、疲勞、壓力等原因導致眼部血流不暢引起的。這種黑眼圈顏色發青，要想減少這種現象，就要讓眼部血流暢通。可以用熱毛巾進行熱敷，或選用能使血流通暢的保養品來護理。使用時，要減少用力揉搓，用中指輕輕按壓促進有效成分的吸收。

　　第二，由於日曬或強力揉搓導致的色素沉著引起的，顏色偏褐色。眼部肌膚很薄，強力的物理刺激容易造成色素沉澱，因此應儘量避免揉眼睛。

5-3
消除雙下巴，
不要讓贅肉影響了自己的美

很多女人都遇到過雙下巴的煩惱，即使身材非常瘦弱，有雙下巴，也會看起來比實際體重胖很多。

說到雙下巴的來源，主要還是脂肪在作怪。醫學上稱雙下巴為「下頜脂肪袋」，是由頸部脂肪堆積引起的。常見於中老年人，特別是中年女人。脂肪過多地堆積到頸部位置，加重了頸部和臉部的負擔；再加上中老年人隨著年紀漸長而皮膚老化鬆弛，由重力作用而造成下垂，就會形成了平時看到的雙折甚至三折下巴。

雙下巴會嚴重影響到一個人的面容美觀，看起來比較臃腫。那麼，究竟雙下巴的問題應該如何消除呢？

一、**推拿按摩**。推拿按摩是針對雙下巴的一個有效方式，每天早晨起床後，可以對下巴部位進行按摩，具體方法是：用拇指食指伸開，呈剪刀狀在下巴部位進行反覆按摩推拿，改善雙下巴部位的水腫，促進脂肪消耗。按摩推拿時，可以塗抹一些精油或乳液，更有利於發揮出按摩效果。

二、**抬頭嘟嘴**。抬頭嘟嘴是一個比較有效的方法。具體方法是：把下巴抬起來，盡可能保證脖頸伸直；然後，緩慢做嘟嘴的動作。維持 5 至 10 秒鐘後，緩慢恢復原樣。這樣交替進行 10 回，每天堅持，有助於塑造更加完美的頸部線條，緩解雙下巴的問題。

三、**仰頭運動**。坐姿不良，會導致下巴部位脂肪增多，因此在工作生活過程中，要保持端正的坐姿，盡可能地抬起自己的下巴，打造更加完美的肌肉線條。如果時間允許，可以進行仰頭運動，把頭抬起來，舌頭用力抵在上顎上，讓肌肉發力，讓下巴部位的脂肪快速消耗掉。

四、**控制飲食**。解決雙下巴的問題，就要牢記「三分練七分吃」的原則，想要消除雙下巴，也必須注重飲食。油膩以及含糖量多的食物熱量比較高，容易造成下巴的脂肪堆積，因此，要少吃這類食物，盡可能做到清淡些。

5-4
❦ 讓輪廓緊緻，臉型會變得更美 ❧

　　女人到了 30 歲左右時甚至更早，皺紋就會慢慢爬上臉部，整張臉看起來也會越來越鬆弛，不好好保養，長時間，看起來就會比實際年齡老很多。因此，為了保持臉部膠原蛋白，很多女孩都選擇去打玻尿酸。這種做法雖然有一定的效果，但並不是長久之計，必須透過最自然的方式，讓肌膚更有彈性、滿臉膠原蛋白。

　　年輕的時候，女人的肌肉細胞組織非常緊緻，隨著年齡的增長，肌肉恢復能力會越來越差，臉部肌膚自然也會變得越來越鬆弛，所以有些女人看起來會變老。

　　要想預防這種問題，就要加強面部運動，做更多的面部按摩，睡前用手抹點精油或美容油，輕輕按壓面部肌膚，提升面部輪廓的緊緻性，促進臉部血液循環。如此，不僅能改善肌膚塌陷、面部浮腫，減緩皮膚鬆弛的速度，還可以給皮膚補充大量營養，讓皮膚看起來更緊緻柔嫩。

　　年輕時候的面容與皮膚中的膠原蛋白密切相關，日常生活中，日曬、環境污染和不自律等壞習慣，都會讓臉部的膠原蛋

白受傷，只有用正確的方法，才能改善這種狀況。

20 歲前的相貌是父母給的，然而過了 30 歲，特別是過了 40 歲，我們的相貌是自己修煉出來的。

臉是反射內心世界的一面鏡子，一個不幸福、不快樂，活得不舒坦的女人，即使她住豪宅、開豪車、吃美食，然而臉還是會反射出她內心的模樣。反之，一個經常微笑，經常面露善意以及散發溫暖目光的女人，自然而然便擁有美好的相貌，讓人越看越順眼，越來越喜歡與她接觸。因此我常說，一定要修心，修心便是修我們的樣貌。

女人一定不要愛生氣，生氣是一個當下情緒的產生，特別是我常常跟女人說，不要抱怨。在你生命當中的每一個當下，無論遇到什麼樣的事情，都要學習用優雅的思維、陽光的心態去轉換。生氣是一個情緒的表達，抱怨是一個瞬間，當你時常反覆生氣與抱怨，日積月累，一天、一個月、一年，甚至是十年過後，一定長成一副「怨婦相」。

所以我常常告訴我的學生，為什麼要當一個優雅的女人？因為你要讓自己擁有一個良好正向的心態，所謂相由心生，當你的心態美好，便可以擁有美好的面部狀態。

臉是女人的第一道風水，這就是為什麼我建議所有女性一

定要學習表情、眼神、笑容、神態的管理，因為表情是瞬間的相貌，但相貌是臉部的表情，如果一個人老是不笑，嘴角跟臉部都是垮的，縱使經過整形，面相終究是不美的。平常維持一副好的表情，自然地面相也就美麗。表情會影響你未來的容貌，而且你未來的容貌就是你平常的表情，因此表情與神態的管理是女人特別要學習的一堂課，要記住，臉就是你的風水。

我有很多學生，透過面部和神態的學習，回去之後，身邊很多人都驚訝道，整個人的感覺都不一樣了，也變得更漂亮了，像是為生命注入了新的靈魂，充滿新的電流。我認為不是只有演員和表演工作者需要學習表情管理，每一個女性都需要學習，因為真的非常重要，而且終身受益，獻給正在看這本書的你。

我想給大家介紹一種面部護理法。學會以下面部形體訓練操，就能迅速提升面部輪廓，找回年輕的自信。

面部形體訓練操（第一組）：雙手輕輕地放在鎖骨的位置，脖子保持直立，將下巴抬起，直到下巴朝向天花板，接著慢慢地將下顎往前延伸，這個動作持續一個八拍，然後再慢慢地回來，停留一個四拍，接著再重覆剛才的動作，做的過程當中，動作越慢越好。這個動作有助於緊緻臉部輪廓線、消除雙下巴、淡化頸紋及提升皮膚彈性度。

面部形體訓練操（第二組）：第一組的動作為上下，第二組的動作為一個 V 字形。同樣將雙手輕輕地放在鎖骨的位置，脖子保持直立，將下巴抬起，直到下巴朝向身體左側的天花板，接著慢慢地將下顎往前延伸，這個動作持續一個八拍，再輕輕地回來，停留一個四拍，接著以 V 字形的方向換右邊，一樣將下巴抬起，直到下巴朝向右側天花板的位置，輕輕地將下顎往前延伸，持續一個八拍，整個過程當中，動作越慢越好。以上反覆的動作能夠有效提升面部兩側輪廓線的緊實度、消除雙下巴及淡化頸紋。

這兩組面部形體訓練操，十分簡單，利用碎片化的時間，隨時隨地都可以做。每天早晚各進行 30 回，連續 7 天可以看到非常明顯的成效，對女性而言，不僅可以訓練面部肌肉，也能達到緊緻拉提的效果。

Chapter 6

頸部：細嫩挺拔的頸部
是氣質擔當

脖子雖然是身體軀幹最細的部位，卻直接關乎人的生死。

脖子如此重要，卻也很嬌氣，是各類疾病偷襲的重災區。因此，花一些時間瞭解自己的身體結構，比研究哪個牌子的名牌衣服更有意義。

6-1

 脖子雖小 卻至關重要

頸部，即是我們俗稱的脖子，是連接頭顱與軀幹的生命線，因此，脖子的健康絕非誇大之詞。脖子連接著我們的大腦和身體，且別有洞天，主要包括：頸椎、氣管、食道和密集的神經血管等。對於脖子，多數人都覺得只要看上去美觀優雅即可，很少與健康做聯想。

　　脖子向上支撐著頭顱，向下連接著後背、腰腹，主要功能有三個：一是支架作用，第一頸椎與頭顱的枕骨相連，與下面幾節一起支撐著頭部和後背。二是保護脊椎神經血管，頸椎椎體相互連接，構成了神經椎動脈血管和脊椎的通道。三是運動槓桿作用，頸椎最上面兩節是頸部活動的樞紐，可以幫助頸部屈伸和旋轉，完成點頭、仰頭和左右等轉頭動作。

　　脖子裏分佈著密集的淋巴結與神經幹，病毒細菌最易侵犯呼吸道和口腔，受到感染的淋巴液回流時，第一站就是脖子。因此，脖子上的淋巴結也就成了人體的第一道防線。其兩側分佈著左右頸動脈，與椎動脈一起給大腦供血。其中，頸動脈為大腦提供 80% 以上的供血，在喉嚨突出部位兩側約 5 釐米的地方，能夠觸摸得到它的跳動。

　　大腦發出的訊息透過神經系統經過頸部下行，腦和神經系統可以說是各司其職。8 對椎神經支配著人體的運動和感覺，主要功能是對腦神經調節血壓、呼吸和腸胃蠕動。其中，交感神經能使人心跳加快、肢體血管收縮、讓人出汗等；副交感神經興奮，則能使人心跳減慢變弱。

　　花點時間看看鏡中真實的自己，多做脖子拉伸以及呼吸練習，比逛街、追劇、買衣服等會更有感悟。花點時間琢磨不同

的頸部姿勢帶給自己的舒適感，比為了吸人眼球卻矯揉做作會更自然。堅持做脖子的拉伸運動，才能讓你保有健康和氣質，才能讓全身的生命中樞可以獲得更好的保護。

頸椎變形就會導致腦供血不足。頸椎相當於我們人體的紅綠燈，紅綠燈不工作了則交通癱瘓，每天十幾個小時將頸部保持在變形狀態，橡皮筋也會變形，何況頸部？與其天天喊疼，不如試試讓形體／身體歸位吧。

6-2
隱藏年齡秘密，
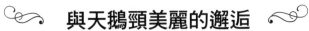 與天鵝頸美麗的邂逅

　　脖子作為最容易洩漏女人年齡的部位，你對它進行過好好的保養嗎？是不是已經鬆弛、下垂、佈滿了皺紋？頸紋一般都喜愛以下這幾種人，對號入座，看看自己是否在裏面。

一、上了年紀。隨著年齡的增長，人體表面細胞逐漸衰老，代謝緩慢，水分減少，導致膠原蛋白減少，肌膚失去彈性，皺紋產生，頸紋就是其中之一。

二、不愛運動。習慣慵懶地躺在或坐在椅子上、床上、沙發上，動量不夠，身體運動少，頸部運動更少，頸紋就會產生。

三、頸部姿勢不良的女性。如探頭或是頸部經常處於聳肩的狀態、或是向下瀉的氣息狀態、無意識的擠壓輪廓線與頸部拉近距離所造成的頸紋或是雙下巴。

　　所謂「女旱子」，這裏的「旱」是乾旱的「旱」，肌膚天生乾燥的妹子容易出現乾頸細紋，再加上保養的力度不夠，頸紋就會嚴重加深。

要想有效預防頸紋的產生，可以做做我給大家介紹的脖子形體訓練操；做的同時，可以擦上一些頸霜，或拉提霜，再配合脖子梳理，一週以後，你的脖子頸紋就會變淡，皮膚就會變得光滑。最重要，你會變得更健康，個人氣質以及魅力都能大幅提升。

　　優雅美麗的天鵝頸，並不是難事，最重要的是你有沒有重視它？肩頸是我們氣血運行的關鍵入口。一個人能活多少年，取決於我們的頸椎直立多少年。

　　優雅的女人一般都有著極強的承受能力，不管在任何時候，都能保持一種好的儀態和好心態，都能將優雅落實到生活中的每一天、每一個當下。所以，一定要讓脖子保持直立，讓我們的喉頭去尋找百會穴，有一種向上挺拔的感覺，好像由一根繩子在向上拉扯，讓自己散發出一種高貴美麗的氣質。平時空閒時間，可以將自己的脖子向上挺起，左右轉一轉，當你的雙肩下沉打開，胸部自然也就不會下垂，身材也就不會容易變形。

6-3
❧ 有種氣質叫天鵝頸 ❧

要想擁有天鵝頸，可以從以下幾方面做起：

一、矯正探頸

探頸（圖）出現的原因主要有：後背肌肉力量不足，過於緊張，導致前後肌肉產生的力無法平衡，姿態被力量牽拉到前方去。

很多人把脖子前傾誤認為是「駝背」，其實是脖子前傾。當然，脖子前傾後，很可能就會變成駝背。一伸脖子，加上駝背，就會顯背厚肉多。同理，坐著的時候我們更容易放鬆，駝背也會讓上半身變胖。

如何判斷是否為探頸？放鬆站立時，「耳朵處於肩部前方位置」。要想矯正探頸，就要保持正確的走路姿勢和坐姿隨時注意頸部的位置。

駝背　　　探頸

二、消滅烏龜頸

烏龜頸也就是「脖子前傾」，造成這種儀態的原因有：經常低頭玩手機或長時間使用電腦；睡覺枕頭太高；力量訓練缺少背部動作，導致肌力不平衡等。

「烏龜頸」對形象的影響是很嚴重的，比如：含胸駝背顯得很「猥瑣」。長期不矯正頭前伸的問題，可能會導致慢性肌肉勞損，造成椎間盤突出；壓迫神經，造成緊張性頭痛；肺活量降低，影響心血管健康；血液迴圈變慢，影響大腦供血。

為了改善這種問題，可以採用以下方法：不要低頭玩手機，把手機平舉到視線處；用正確的姿勢使用電腦；換個低點的枕頭。

矯正脖子前傾，矯正背部肌肉不均衡。具體來說共要經過四步：1、放鬆頸部肌肉；2、拉伸緊張肌肉；3、強化弱勢肌肉；4、保持良好的身形。

背部就像一根彈簧，你從前面拉它，它就會往前傾。緊張的肌肉就是那股拉力，所以矯正的辦法就是：讓緊張的肌肉放鬆下來，讓較弱的肌肉變得更有力。

頸部伸展訓練：

主要是拉伸緊張的側頸肌肉，適合經常低頭的人群。

方法：雙腳與肩同寬，上身保持直立，不要聳肩；單手抱頭向下按。

頻率：左右兩個方向，每側維持 30 秒，重複 3 次。

此外，靠牆站立也是一個有效改善體態、提升氣質的方法。每天堅持練習，就能矯正身形，保持身形的完美。

當然，除了這種改善性訓練，最重要的還是要在生活中保持正確姿勢。

三、脖子的形體訓練操

常言道：「看人的自信，從眼睛裏找；看人的高貴，從頸上尋」，優雅的女人每天都會將自己的頸部向上伸展。

1. 力量向上。

【形狀】修長、線條清晰。

【比例】頸部長度是臉長的一半，纖細，長度與肩、上臂比例適中。

【方法】感覺頭頂有根繩子拽著自己，整體向上，讓整個人顯得高一些。頸部拉起來時有個小坑俗稱美人坑；兩耳之間連接一條線，鼻間連成一條線，兩條線交集的地方，感覺有根繩子

拉著我們向上。頸部拉起來的同時，下頜與地面保持平行。頸部沒完全拉起來時，扭頭會看見頸部皺紋；頸部拉起來再扭頭，看不見頸部皺紋。

【注意】側身站在全身鏡前，再拿一邊小鏡子，找到自己最佳的頸部線條。

2. 強化頸部肌肉的靈活性。

【方法】站立站好，一手輕輕地抓住頭部的一側，另一隻手放在背部，手肘彎曲。頭部向抬起的手肘的方向慢慢傾斜，直到感覺到頸部肌肉的拉伸，動作保持 15 秒，每一側重複 5 次。

【注意】不要聳肩或緊繃肩部，在整個運動過程中保持正常，平穩地呼吸。

6-4

⊱ 對付頸紋，要從預防頸紋出現做起 ⊰

女人除了臉蛋，最顯年齡的三個身體部位分別是：手、眼睛和脖子。說到脖子，就不得不提到頸紋了，脖子上的每一條頸紋都在瘋狂暗示你將要面臨初老。

頸紋是人脖子上的皺紋，由表皮細胞衰老和結締組織的萎縮造成。

一、頸紋是怎麼產生的

首先，遺傳。頸紋的產生也跟遺傳有關，膠原蛋白有著至關重要的作用，缺少膠原蛋白，皮膚就沒有彈性，不僅會產生頸紋，還會引發皺紋。其次，後天導致，比如，愛玩手機的低頭族，長時間低頭玩手機會導致脖頸皮膚不斷拉扯，繼而造成頸紋；脖頸肌膚的水油不平衡，時不時地缺水缺油，缺乏護理，頸紋就很容易產生。

二、如何保養自己的脖頸肌膚

對肌膚的保養，可以從以下幾方面做起：

1. **養成好的生活習慣**。走路時不要低頭，應該抬起頭，昂首提胸地向前走；玩手機時不要總是低頭，低頭族每個人都有頸紋；用電腦或看書的時候，把電腦調到適合自己脖頸的高度，最好買個小書架，用小書架架到一個舒適的高度。長期下來，不僅能糾正問題姿勢，還能有效改善頸紋。此外，睡覺時不要墊太高的枕頭，要選擇適合自己脖頸高度的枕頭。在睡覺的姿勢上，不要趴著睡，最好仰臥入眠，保持頭部端正。

2. **食補，也能有好肌膚**。頸部的膠原蛋白很容易流失，平時要多吃豬蹄、雞爪等富含膠原蛋白的食物。同時，也要多吃蔬菜水果，補充維生素 C，促進膠原蛋白的生成。

三、用運動預防頸紋

當然，要想預防頸紋，也可以做做以下運動：

1. **頸部保健操**。具體方法為：

（1）雙手取一元硬幣大小的頸霜或按摩膏，由下至上輕輕推開。

（2）頭部微微抬高，利用手指由鎖骨起往上推，左右手各做 10 次。

（3）利用拇指和食指，在頸紋重點地方向上推（切忌太用力）。約做 15 次。

（4）將左右手的食指及中指，放到腮骨下的淋巴位置，按壓約
　　1分鐘，暢通淋巴核排毒。

2. **鍛鍊頸部肌肉**。頸部要支撐頭部的重量，如果頸部肌肉衰退，
　　就容易讓頸部皮膚鬆弛，產生頸紋。所以，要採用正確的坐
　　姿，比如：身體坐直，緩緩地抬起下巴，拉伸頸部肌肉；保
　　持5秒鐘後，慢慢恢復最初的姿勢。每天重複拉伸5遍。

3. **按摩頸部肌膚**。晚上沐浴後，可以用乳液或精油按摩頸部肌
　　膚。具體方法為：從下向上，用指腹輕輕畫圈按摩。這種方
　　法不僅能防止皮膚乾燥，促進血液循環；還能改善皮膚新陳
　　代謝，有助預防頸紋。

6-5
❧ 女人，千萬不要忽視淋巴保養 ❧

淋巴，是身體內的一種無色透明液體，分佈在全身各部，內含大量淋巴細胞，對我們身體免疫系統有著至關重要的作用。

在一個健康人體內，大約有 100 億個淋巴細胞在活動。淋巴細胞分為 T 淋巴細胞和 B 淋巴細胞，兩者都來自於骨髓。但 T 細胞形成於胸腺，主要功能是吞噬外來侵襲物；B 細胞最重要的功能是生產各種抗體，就像隊伍裏的武器，能讓我們抵禦外來的入侵物。

人體的淋巴系統非常巨大，其中最能反應我們健康的就是頸部淋巴、腋下淋巴和腹股溝淋巴。

頸部淋巴與動脈、頸椎、肩頸、鎖骨與腋下淋巴、頭部相連，正常運作，不僅可以改善睡眠、頭暈、頭痛、面部膚色暗黃無光澤等問題，還能預防肩周炎、肩頸疼痛、易落枕、記憶力減退等問題。不僅能改善腦部循環差、供血不足、供氧不足等問題，還能預防老年癡呆、心腦疾病等，甚至還能改善咽喉腫痛和雙下巴。

按摩頸部，不僅可以促進淋巴排毒，還可以增加皮膚對於

保養品的吸收度，潤滑細膩頸部肌膚，減少皺紋，具體方法如下：

1. 取足量頸霜或面部精華乳液塗抹整個頸部。（1）最好使用專業的頸部按摩霜。（2）按摩過程中，動作要儘量輕柔，絕不能橫向揉拉，以免適得其反。（3）平時，可以將防曬霜塗抹到頸部，以免頸部皮膚被日光照射後長斑和出現頸紋。

2. 雙手四指由下至上輕輕地將按摩霜塗抹均勻，同時為頸部皮膚做好按摩前的放鬆準備。

3. 右手四指按壓右耳根與下頜相連接的地方；然後，沿著頸部曲線，經左側頸部至左側鎖骨處，按壓鎖骨凹陷處；接著，再經過鎖骨，滑至左腋下。最後，甩動左手，以排除毒素。以相同手法，用左手按摩另一側頸部。

4. 雙手四指同時按壓兩側鎖骨的凹陷處，同時配合深長的呼吸，保持 5 至 8 秒鐘，再按 2 次。

5. 中間三指的指肚適度用力地按壓頸後兩側的凹陷處，慢慢滑到前面鎖骨處，並輕輕按壓，舒緩整個頸部。

6. 雙手按壓和揉捏肩膀處，緩解頸肩部壓力，幫助體內的廢棄物和多餘脂肪透過毛孔排出。

6-6
消除脖子後面的「富貴包」

　　觸摸脖子的後部，如果有一個大包，就是人們常說的富貴包，它會讓我們在視覺上看起來像是駝背，異常影響美觀。富貴包不是近些年才有的，是低頭族的一種常見病。富貴包就像一個定時炸彈，不理會就會爆炸。

　　富貴包到底在頸椎的哪個位子呢？將頭部貼到胸部，用手去摸頸椎最突出的一塊骨頭，然後摸到第二塊骨頭，兩塊骨頭的中間如果出現一個小包，這就說明開始出現富貴包的症狀了，發現的越早越好。如果富貴包明顯，不要著急。那麼，如何消除富貴包呢？

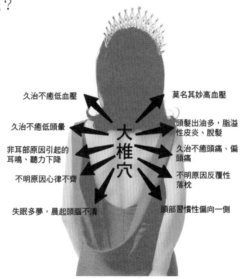

久治不癒低血壓　　　　　莫名其妙高血壓

久治不癒低頭暈　　　　　頭髮出油多，脂溢性皮炎、脫髮

非耳部原因引起的耳鳴、聽力下降　　久治不癒頭痛、偏頭痛

不明原因心律不齊　　　　不明原因反覆性落枕

大椎穴

失眠多夢，晨起頭腦不清　　頭部習慣性偏向一側

一、**延展胸椎**，拉伸胸部肌肉。富貴包的形成一般都伴隨著頭前傾，上交叉綜合症，胸椎後凸，因此延展胸椎打開胸腔非常重要。可以利用牆角或門，弓步雙手臂推牆面，身體向前，輔助打開胸腔，保持這個姿勢，配合呼吸 15 下，之後放鬆身體。注意：一定要在脊柱延展的前提下推牆。

二、**巧妙使用夾脊法**。夾脊會讓女人的後背和手腳變得溫熱。長期堅持，會讓督脈、膀胱經上的瘀阻點都消失。夾脊法方法很簡單：坐、站都可以練，建議採用站式，因為我們坐的時間已經足夠多，站式行氣活血效果更好，特別是對雙腳冰涼者。具體方法：手臂向後，將十指在身後交叉，掌心由裏向下翻180度，肩胛骨相互靠近；手臂輕輕用力向後或向下拉，保持後拉的姿勢 30 秒；放開雙手，手臂自然下垂。

改變生活習慣。調整富貴包最終還是要回歸到生活，所以調整不正確的姿勢最重要。不論是坐姿、站姿，還是看手機、用電腦、看書等，都要時刻注意自己的姿勢是否正確。

走路昂首挺胸、目視前方。日常的含胸駝背姿勢會加重這種情況的發生，所以日常生活中要儘量保持良好的姿勢。減少低頭看手機的頻率或看手機螢幕時，要把手稍微舉高讓頭不至於太低，走路時要挺胸目視前方；長時間地使用電腦，要抬高顯示器的位置，不要向下凝視。

Chapter 7

肩部：美人三角
（香肩、美背、天鵝頸）

女人的香肩，散發出獨特的性感魅力，而女人的香肩更是
一道炫人眼目的風景。

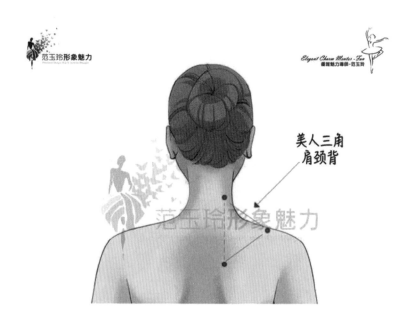

美人三角
肩頸背

7-1
肩膀上有三種標誌，
就是擁有「美人肩」

在經典《紅樓夢》中，對探春的外貌是這樣描寫的：「削肩細腰，長挑身材」。可想而知，香肩，不管是對於女人，還是男人，都有著十足的吸引魅力。女人肩膀上有這「三種標誌」，就是妥妥的天生「美人肩」。

一、**手臂和背部肌肉勻稱**。手臂和肩膀是緊緊聯繫在一起的，想要擁有好看的肩膀，必須有流暢的手臂線條和肌肉均勻的背部。手臂過於粗壯或背部不夠均勻，整體的美感就會大打折扣，所以手臂和背部的整體線條協調均勻，才能顯示出優點。因此，如果你的手臂和背部的肌肉較為勻稱，那麼你的肩膀就是妥妥的「美人肩」了。

二、**正面的肩線幾乎水平**。這種肩膀，從正面看，幾乎是成一條水準直線，脖子和肩膀會呈現出一種「直角」的感覺。所以，正面照的時候，你的手肘完全朝著後面，手掌在前面，而且還不是故意凹出來的，而是走路時手臂自然下垂的時候就會呈現這種狀態，這種肩膀穿露肩裝也很好看。

三、**鎖骨明顯**。檢驗體型是否優美，體態是否端正，要看有沒有突出的鎖骨。平滑纖細的鎖骨會為整個肩部更加加分。鎖骨的形狀有很多，比如，大方的一字型鎖骨、性感的 V 字形鎖骨等，都非常好看。因此，如果你的鎖骨非常明顯，就會為你的肩膀增添不少色彩。

7-2
有一種性感，叫做鎖骨美人

鎖骨又被稱為「美人骨」，是與肩膀連起來的骨骼，也是身體上為數不多比較容易展現的骨骼。

一直以來，鎖骨都是評判一個人身材和氣質的標準之一。身材再好，沒有鎖骨，看起來也會平平無奇感。而且，鎖骨在拍寫真的時候，也很有優勢，一些極具高級感的照片亮點都在鎖骨上。

鎖骨能顯示一個人的肥胖程度，有鎖骨，即使胖到 70 斤，看起來也比實際重量輕很多；沒有鎖骨，即使低於 50 斤，看起來也不會特別瘦。接著，我們就來介紹這三種鎖骨：

一、V 型鎖骨。U 型鎖骨或 V 型鎖骨曾經有一陣子很流行，就是在鎖骨上放硬幣、放雞蛋等。這種鎖骨能讓人顯得小巧可愛，一般骨架較小的女人會有這種鎖骨。

二、蝴蝶鎖骨。翅膀鎖骨又叫蝴蝶鎖骨，有著很深的骨窩，看起來分外性感。在明星中楊冪（angelababy）的蝴蝶鎖骨就很漂亮。這種鎖骨露肩，看起來氣質感十足，滿滿的高級感，隨便一個造型，都很經典。

三、一字鎖骨。在一字鎖骨裏，最具代表性的是影星劉詩詩。兩根鎖骨弧度不大，保持持平狀。一般來說，一字鎖骨如果長得不好看，就會變成一根，比較突兀；但是，如果兩根鎖骨距離還不錯，就顯得非常有氣質了。可以被稱為端莊美人。

7-3
❧ 改善圓肩，練出性感的肩膀 ❧

一個人能活多少年，取決於頸椎能支撐多少年？

保護好頸椎，可延長壽命 27 至 54 年喔！

肩頸堵了：影響頭疼，頭暈。

肩頸堵了：血壓上來了。

肩頸堵了：睡眠不好，多夢。

肩頸堵了：影響記憶力。

肩頸堵了：時代病「富貴包」就出來了，頭都不能後仰了。

肩頸堵了：腦部供血不足，導致各方面問題來了。

　　肩頸是人體的十字路口，是氣血運作的關鍵路口！要將身體當回事，因為健康只屬於你自己。

　　扣肩、駝背、聳肩、高低肩等等不正確的肩部問題都會影響到個人氣質和健康，你有好好觀察過鏡子裏的自己嗎？

　　圓肩（圖）主要是肩部問題，表現為：肩關節前扣、雙肩向前彎曲，形成一個半圓的弧線形。圓肩，一般都是後天形成

的，經常用電腦或側躺玩手機，都會導致圓肩姿勢。

圓肩，一般都含胸、探頭。靠牆站立時，肩胛骨和頭能夠很好貼在牆上，肩頸和前胸沒有明顯的牽拉感和不適感，就說明沒有圓肩（圖示）。反之，就是圓肩。

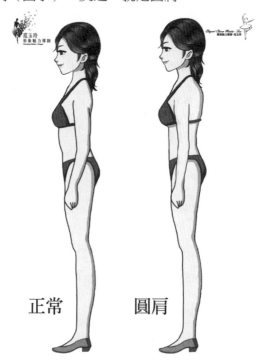

正常　　　　圓肩

圓肩會從視覺上讓後背變「厚」，側面看起來壯實不少。女人若有探頸、圓肩，確實很影響氣質。

造成圓肩的原因是，背部肌肉力量不足，沒法平衡前部肌

肉把姿態拉回來。要想改善圓肩，就要改善一些不良生活習慣，比如：走路要抬頭挺胸，有意識地肩膀打開，肩頭下壓，脖子不要前伸。

可以進行這樣的肩部訓練：

【形狀】平、正、對稱、不露肩，可以看到鎖骨。女子圓潤的肩膀，這樣做，可以突出其秀美的曲線。

【比例】肩上寬於髖，腰圍小於髖部。

【注意】

1. 側面錯誤。既能看到手臂，又能看到後背，胸部下垂，會讓多餘的脂肪在後背堆積。

2. 正面錯誤。縮脖和聳肩會讓頸部顯得很短。

3. 正確方式。兩肩打開，手臂和背部處於同一平面，只能看到手臂，胸部上挺，讓人顯高。

4. 肩部打開時，要儘量放鬆，下沉（肩部兩端向後展開，胸線微微上提，肩橫線與胯橫線從正面看是一條平行線上。背部平，兩邊呈現 V 字型至腰。

Chapter 8

背部：後背之美妙不可言

女人的背部之美，更銷魂，妙不可言。

8-1

擺脫駝背，做一個後背美的女人

駝背從正面看就是含胸，也叫做猥瑣肩。駝背比圓肩更嚴重，因為其改變了整個脊柱形態。

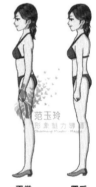

這種問題體態最直接的危害是，讓視覺上看起來顯矮顯胖。含胸駝背的女孩一旦站直，都要高出幾公分。要想矯正駝背，就要保持正確的走路姿勢和坐姿。

正常　　　圓肩

擁有銷魂美背是很多女人的夢想。背部贅肉太多會嚴重影響美感，那麼如何讓背部多餘的肉肉消失呢？

〔背部肌肉鍛煉〕

要想改善駝背，就要參加一些背部肌肉鍛煉，比如：俯臥撐。做俯臥撐的時候，背部肌肉會一張一弛地得到鍛煉，但要做標準才管用。腿部要伸直，膝蓋不能打彎，胸部要貼緊地面(不能趴在地上)，背部肌肉才能得到充分鍛煉。每週練習 3 次，每次 1 至 3 分鐘，再開始慢慢依照個人身體狀況，加長練習的時間。

核心肌群鍛鍊系列

撐體 Plank

經典核心部位練習，平板支撐
①手肘與地面垂直，腿伸直，雙腳併攏

②軀乾伸直，頭部、肩部、髖部和踝部
保持在同一平面

③腹肌收緊，盆底肌收緊，脊椎延長

④眼睛自然直視地面，保持均勻呼吸，
將意識集中在腹部。

堅持2分鐘，輕鬆不發抖，
說明核心穩定性不錯。

建議：
每天訓練三組，每組30秒，組間休息30秒。
注意：
當動作開始變形時，就及時停止，不要硬撐。

16-50歲的人做此項運動最適宜，不建議50歲以上
的中老年人做平板支撐，因為過程中會有憋氣，容
易對血管造成壓力。
孕婦更不宜做平板支撐，產後42天以上可以練習。

核心肌群鍛鍊系列

撐體 Plank

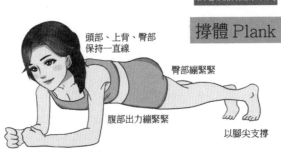

頭部、上背、臀部
保持一直線

臀部繃緊緊

腹部出力繃緊緊

以腳尖支撐

手肘位於肩膀正下方

8-2

背一厚，氣質全無

　　背部太厚，也會影響女人的氣質。背部為什麼會變厚？背部之所以會變厚，表面上看起來，是因為肥胖水漲船高，背部脂肪跟著一層層堆積。可是，事實並非如此。從中醫角度來說，背部脂肪的堆積主要原因有兩個：

一、**跟寒濕氣入侵有關。**身體自我抵禦機制起作用，變厚的部分是身體築起的「防禦工事」。同時，這種「防禦工事」的堆積，又會反過來影響經絡的通暢，經絡不通，導致排不出去的垃圾堆積。於是，背部就會越積越厚。這是一個惡性循環。

二、**臟腑出現了問題。**臟腑出現問題的時候，後背也會顯得很厚，比如：心肺火旺、脾胃不暢、腎氣不足等。同時，背部有五臟六腑的反射區，任何一個臟腑出現問題，都會在背部的對應區域反映出來。背部脊柱兩側是膀胱經，膀胱經是女人最大的兩條排水排毒通道，背部脂肪厚壓迫膀胱經，會造成排水排毒不暢、毒素堆積、水腫、肥胖甚至疾病。所以，「背厚」的女人，千萬不可掉以輕心。

　　背太厚會讓整個人顯得人高馬大，一點也沒有小鳥依人的感覺，人也會顯老顯矮。更重要的是背薄一寸多活十年，好好修煉你的背。可以試試下面的動作。

一、脖子保持直立，將雙肩用力地抬起來，盡量往耳朵的方向抬起，接著再將雙肩放下，動作用力、節奏快，一起一落為 1 次，剛開始的時候可以先來回進行 30 次，漸漸地可以增加次數至 50 次，甚至到 100 次，連續 7 天，可以練出性感迷人的鎖骨。

二、準備一張有椅背的椅子，坐在椅子前端三分之一處，雙手向後抓住下椅背，讓背部夾出一個「川」字型，這個動作不僅能達到很好的開肩效果，還能讓背部變薄，並有效改善圓肩駝背。「背薄一吋，多活十年。」好看的後背線條更有氣質、美感，也更顯年輕，關係到女人的美麗與健康。

8-3
✑ 疏通背部經絡，解困又解乏 ✑

女人最大的敵人，不是第三者，而是歲月。當容顏逝去，任何的補救措施，都無法取得理想的效果，所以趁年輕學會保養，才能長久地保持健康狀態。記住，保養背部遠比保養臉蛋更重要。

•背部的厚薄與健康的關係

背部是人體最大的全息區，是健康的晴雨錶，人體的五臟六腑都能在背部找到相應的對應區。如：背上部對應肺和心臟，背下部對應脾、胃、肝、膽，腰部對應腎、膀胱、大腸和小腸。背部健康與否，直接反映著臟腑是否正常運轉。

背部厚薄影響著健康，是人體堅實的保護屏障，無論是處於生長發育期的女孩，還是精力旺盛的青年女子，亦或是愛美愛瘦的女人，關注背部，正確保養背部，都會為健康注入生機和活力。

背部經絡的作用主要表現為以下：

一、**養腎強身**。養好背，也就養好了腎，因為背部很多穴位都具有強腎的功效，如命門穴、腎俞穴等，只要對這些穴位進行刺激，就能促進養腎強身。所以，要想強腎強身，不僅要改變自身的飲食、運動，還要做好背部保養。需要注意的是，長時間吃補藥，身體會出現依賴性，可以對背進行保養，提高強腎功效。

二、**疏通氣血**。背部遍佈諸多經絡，一旦經絡出現淤堵，就會給人體造成較多的危害，因此養背是關鍵。對背部進行按摩，不僅可以促進人體的血液循環，還可以疏通氣血，對人體健康起到促進作用。

三、**抵抗衰老**。隨著年齡的逐漸增大，人體定然會漸漸衰老，想要延緩衰老，不僅要加強運動、改變飲食方式，還可以養背。因為背部有一個大椎，進行適當的按壓，可以加速體內毒素代謝，使毒素在較短的時間內排出體外，人體就會越來越年輕。因此，每天晚上睡覺之前，可以對背部進行按摩，只要長時間堅持，就能擁有年輕的面容。

四、**放鬆全身肌肉**。在學習、工作的時候，人的背部經常會出現痠痛、疲憊等感覺，主要原因在於，背部的血液流通受到

阻礙。想要使全身肌肉放鬆，就要懂得養背。對背部進行按摩，不僅能促進背部的血液循環，還可以有效緩解壓力。

女人的頸部、肩部連結到背部，無論是在形體上以及健康上都十分的重要。現代人由於工作及生活型態轉變的緣故，長期伏案，或者是低頭使用手機，導致姿勢不良，最重要的是，許多人沒有形體保養的觀念。

因此每天只需要透過 5 至 10 分鐘的時間做形體訓練，便可以矯正許多頸椎及背部的不良狀況，例如：探頭、烏龜頸、駝背、富貴包及背部越來越厚等問題。

背部對女人而言，關乎外在與健康，尤其是背厚所產生的富貴包，很容易引發睡眠、思考及情緒問題。我常常說，女人可以買名牌包，但是不要讓自己擁有富貴包，富貴包又稱奪命包，如果一個人擁有富貴包，其實距離心腦血管高危險群已經很近了，它會讓你的身體進入亞健康狀態，所以一定要好好保養你的背部。

在我的教室有很多脊椎嚴重側彎的學員，透過形體梳理訓練在很短的時間就已經回正非常多（下圖照片的學員第一天上課跟第三天上課的形體對比照），他幾乎是用尖叫的跑來告訴我，她是多麼感謝這個學習，我想透過這張照片，讓有脊椎問題的

朋友可以知道這個福音幫助他們.

如果你有機會來到我的教室學習，在短短的時間內，能夠讓你全身的形體方面獲得很好的改善，如果是還沒有機會的人，我想透過這本書讓你知道，形體對於日常生活的重要性，並啟動大家對於形體的觀念。在未來，我會出一本有關形體的訓練書，書中內容將會對身體每一個部位有更完整的訓練說明。

女人可以沒有背景，但是修煉好我們的背與頸，健康和美麗將會伴隨我們一生。

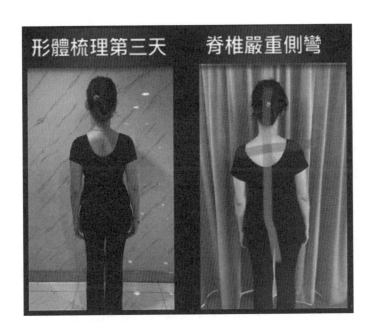

Chapter 9
手部：柔嫩的手
更能體現女人的優雅氣質

粗糙的手和細嫩的手比起來，美白細嫩的手更吸引人。

9-1
女人臉美還不夠，柔嫩的雙手更加分

女人的手直接透露出自己的生活狀態，如果你的手又黑又粗糙，只能說你真的不太愛惜自己。那麼，這樣的手該如何美白呢？

一、手部日常的美白

在日常生活中，可以從以下幾方面護理手部：

1. **做好清潔。**要想打造白嫩雙手，首先就要為自己的雙手進行一次大清潔。先將手上的戒指等摘下來，取適量洗手液均勻

地塗抹到手部肌膚，輕輕搓揉，再用清水沖洗乾淨。然後，塗抹適量的去角質乳液，雙手互相揉搓，讓手部的老廢角質完全脫落。

2. **手膜養護**。手膜與肌膚全面接觸，可以讓保養液被肌膚吸收得更加充分。具體方法是：將雞蛋去黃留清，加適量牛奶、蜂蜜調和，均勻敷手，15分鐘左右洗淨雙手，再抹護手霜。每星期一次，可以美白。

二、做好手部動作，靈活手指

常做以下三個動作，手指也會變得細長白嫩：

1. **按摩手指**。按摩雙手能夠加快指甲的生長速度，使得手指變細變長，讓皮膚變得更加細嫩。具體的按摩方法是：利用一隻手的手指去按摩另外一隻手，從手背開始按摩，再輕輕畫螺旋形直到手指，活動每一根手指，特別是手指的關節處。上下按摩10次以上，長此以往，就可以有效達到瘦手指的目的。每次看電視、電影、聊天的時候，雙手處於空閒狀態，就可以利用這些閒暇時間來做一些手指運動。

2. **進行敲擊**。打字、彈琴或用手指在桌面上輕輕地敲打，也可以有效加快手指關節血液的循環速度，所以，平時可以模仿

彈鋼琴的樣子，將雙手平放在臺面上，柔和地向下壓，每次慢慢舉起一根手指，盡可能地將手指抬高，可以讓手指變得更加輕快敏捷。

3. **手背按摩**。具體方法是：首先，在手背上塗抹一點護手霜或按摩霜；接著，兩隻手的手背互相摩擦，從手腕一直延伸到指尖，有規律地做 10 次左右。這樣做，不僅能促進手部的血液循環，手部皮膚也會變得更加細膩和光滑。

9-2
❧ 多做手臂塑形訓練，告別蝴蝶袖 ❧

所謂蝴蝶袖是指位於上手臂內側的贅肉，伸直手臂的時候，這些贅肉就會像扇子一樣，因此被稱作「蝴蝶袖」。

手臂都有蝴蝶袖的女人，一般都不喜歡運動，從不幹重活，手臂贅肉會慢慢增多，蝴蝶袖自然就形成了。

蝴蝶袖位於肱三頭肌（上臂後緣）的位置，即大臂內側腋窩下邊，生有兩片贅肉，肌肉面積大、利用機會少，若非特別加強練習，即使是天生麗質的瘦美眉，也常會出現兩片軟趴趴的肥肉，讓整個身材顯得比較臃腫。

隨著年齡的增長，身體脂肪的細胞也會普遍增加。不鍛鍊手臂肌肉，時間長了，就容易出現蝴蝶袖的問題，為了改善這個問題，可以採用以下方法：

一、將左臂伸直，舉向天空。具體方法是：用右手從肘關節開始的位置握住左臂，帶著壓力，向左手臂根部一下接一下地刮這部分脂肪，力度可以讓肌肉恰好感到有些痠疼。右臂的動作同上。

這個動作能排毒、促進脂肪的燃燒。需要注意的是：伸向

天空的手要用力向上延伸，另一隻按摩的手也要多用些力氣。

二、雙臂向後繞環運動。一共有兩種運用：第一種是將雙手搭在雙肩上，作小繞環運動；第二種是將雙臂向大雁一樣完全張開，做向後的大繞環運動。

該動作的要點是，當手臂繞到後半圈時，儘量向後，充分感覺到大臂後內側（即「蝴蝶袖」所在位置）的拉伸。長時間做這個動作，肩膀前側就會感到非常痠痛，這個時候就要從大繞環變成小繞環或從小繞環變成大繞環，不要給手臂的其他部位造成負擔，要把注意力集中在上臂後緣。

9-3
女人如水，練就柔軟手部

當今社會，每個人都是勞動者。勞動是光榮的，我認為生為貴族而擁有一雙貴族手的人，還不如一個勞動者擁有貴族的手更令人欽佩。因為用勞動維持自己生活的人，還能讓自己的手細膩柔軟，真正體現出優雅女人敢於挑戰命運的智慧和努力。

優雅精緻的女人一般都會小心翼翼地呵護自己的手，除了不斷地清潔和潤膚，還會進行手部靈巧運動練習，因為這種運動才是女人魅力無限的關鍵。

很多女明星都懂得用手帶出女人的魅力，比如：日本舞者經常以手掌展示給觀眾，給人比較死板的感覺；芭蕾舞演員的手部姿態非常優美。雖然都很好看，但二者也是有區別的。所以，要想使我們的手帶出纖細修長的感覺，關鍵就是要：把手的側面展示給別人。

女人是水做的，除了擺出手部姿態，還要通過手部練習來帶出女人如水般輕柔的感覺。

小秘密：雙臂交叉著橫抱在胸前，是一種保護自己身體的弱點部位、隱藏個人情緒以及對抗他人侵侮的姿態。這是防衛

抗拒的信號，甚至還帶有敵意的暗示。

　　手能夠體現女人的優雅及柔美，事實上，手具備兩項功能，一是使用功能，一是欣賞功能，但我們大部分都將手著重在使用功能上，譬如洗衣、煮飯、做家事、帶孩子等等，往往忽略了手部保養。

　　手部保養包含維持手的柔軟平滑、纖長白皙、滋潤保濕，因為手也是特別能夠顯現女人的年齡，以及女人是否精緻的部位，更重要的是，手部屬於人體末梢神經，如果你的手腳比常人冰冷，更要多做手部按摩和運動，可以促進手部血液循環，強化手部靈活度。

　　手對我們女人而言，還有一個重要性，就是當我們在拍照的時候，手部能體現女人的柔軟，特別是指尖動作的傳遞，更能夠流露出一個優雅女人的氣質。所以親愛的姐妹們，在保養臉部的同時，別忘記保養你的手。

Chapter 10

胸部：女人美的必備條件

含胸毀氣質，危害健康，拿什麼去拯救？

10-1
做個挺胸的好女人

　　追求完美體型是人的天性，更是現代女人的共同願景，但完美的體型要由完美的骨架做支撐，否則，就沒有完美的體型。含胸，人就會顯得沒有精氣神，失去應有的活力，給別人造成極其不優雅的印象，時間久了，更容易引其腰痛、頸椎病等症狀，影響身體健康。

「含胸」的形成原因如下：

一、長期伏案工作。長期伏案工作，會導致肩胛前移（含胸）和上移（聳肩）。長時間俯身（軀幹前傾），為了配合上肢的移動，肩胛會向上向前移動。肩胛的位移會直接導致頸椎被向前壓迫，伴隨有頭往前伸的體態。

二、不良的坐姿站姿。站姿坐姿時，為了讓脊柱承受頭部重量，應將頭保持在胸（胸廓）的正上方；如果頭部相對於胸的位置靠前了，胸椎就會變成一根懸臂樑，由椎間軟組織張力拽著你的頭。頭部長久在胸之前，就會導致胸椎曲度變大，從而形成駝背體態。

含胸駝背的危害有很多，比如：

一、影響女人的美觀、氣質和身高。含胸駝背影響著我們的身高，因為當我們的脊柱後背發生後突後，上半身會彎曲變得縮短。只有矯正含胸駝背，身高、氣質和美觀才能一同展現出來。

二、導致身體疼痛不適。出現含胸駝背後，有些肌肉就會變得異常緊張，某些肌肉會變得薄弱。導致的直接後果就是，肩頸不能長期維持的工作學習狀態，會使我們感到異常的疲勞痠痛僵硬。這也是上班族以及長期伏案工作者的通病。

三、引起頭暈頭痛等問題。如果平時你的太陽穴、眉毛之間等地方覺得暈暈沉沉或疼痛，很可能是含胸駝背引起的。枕骨下緣的肌肉有：頭後大直肌，頭後小直肌，頭上斜肌，頭下斜肌。一旦這些肌肉緊張，就會明顯壓迫毛細血管，繼而影響到頭部供血。供血減少，就會感到頭暈。按摩只

能暫時緩解肌肉，促進血液循環，如果想一勞永逸地解決問題，還要從根源上解決問題。

四、引起身體發麻。含胸駝背後，肌肉會比較緊張，導致我們身體相關肌肉發麻。手臂發麻時，拉伸鬆解胸小肌和斜角肌，手臂發麻就會立刻消失。如果手臂發麻，也可以嘗試把它們鬆解開。

五、關係到整個身體健康。隨著時間的發展，含胸駝背會導致高低肩，影響骨盆前傾，時間久了會導致脊柱側彎。發生含胸駝背後，胸廓的容積會減小，對我們的肺造成影響，繼而導致呼吸不暢，同時影響乳腺心臟等器官。因此，只要發現自己含胸駝背，就要重視起來，及時修復。

10-2
保養堅挺乳房的方法，
讓你更有女人味

乳房是女人美麗的標準、魅力的體現，在很大程度上也影響著女人的健康。

乳房是女人身上最重要的器官之一，堅挺、健康的乳房，不僅能體現女人身材的曲線美，還能讓你魅力倍增。而想要讓自己的乳房保持年輕態，就要在生活中時刻關注乳房的健康狀況，並做好乳房的保健工作。

一、**經常按摩胸部**。擁有一對美麗健康的乳房是每個女人的夢想，為了讓自己的胸部更加魅力十足，完全可以對自己的胸部進行按摩，因為大量臨床研究發現，經常按摩乳房可以有效提高女人免疫力，使乳腺管暢通，避免乳房出現緊繃的感覺，使乳房更加豐滿的同時，還能舒緩女人經期乳房腫脹不適的症狀。同時，通過手觸按摩，還能及時發現乳房的問題。

二、**保持正常體重**。肥胖是患乳腺癌的高發因素，從患乳腺癌的患者來看，多數都是肥胖者，女人一定要學會控制自己的體重，減少高脂肪、高熱量食物的攝入。

三、**進食含維生素 E 及維生素 B 群的食物。**比如，捲心菜、菜花、葵瓜子油、菜子油及牛奶、豬肝、牛肉、蘑菇等，或服用維生素膠囊。在乳房發育和維持其豐滿與彈性中，激素起著重要作用，維生素 E 和維生素 B 群有利於激素分泌。

四、**常按胸口膻中穴。**按壓胸口膻中穴，可以促進雌激素分泌的效果，由內而外保養乳房。膻中穴位於兩乳頭連線中點，心口凹陷處。按下 3 秒後鬆手為 1 次，重複 5 次即可。

五、**補充膠原蛋白。**豬蹄、牛蹄、牛蹄筋、雞翅、豬皮等食物含有豐富的膠原蛋白，可以營養乳房，也不會因此增肥，所以要多吃豬蹄、牛蹄、牛蹄筋、雞翅、豬皮等食物，或服用專門提煉出來的膠原蛋白。

六、**保持良好的心境。**不良的情緒會引起胸部疾病的增加，所以女人要保持樂觀的心態，減少刺激性飲品的攝取。刺激性飲品，比如酒、汽水、咖啡等要儘量少喝，否則會影響你的乳房健康。

七、**堅持喝優酪乳。**優酪乳對於因便秘和體內毒素堆積而造成的腹部、腿部肥胖有比較好的減肥效果，同時它還含有豐富的蛋白質，有利於胸部保健。因此，每天要飲用 2 至 3 次 250ml 的優酪乳，適量肉類食物的攝取。

八、**選擇合適的胸罩**。成年後，乳房一般變化不大，但還會因為飲食結構、身體狀況，如經期、懷孕等而起變化。所以，要隨時觀察乳房變化，隨時更換胸罩。另外，一天佩戴胸罩的時間不能超過 18 個小時；下班回到家後，要立刻解開胸罩，放鬆乳房。

九、**養成良好的姿態**。含胸不利於女人胸部發育成長，尤其是處於青春期的女孩，更會因為害羞而養成含胸的不良習慣。含胸會壓迫胸部組織的生長，佔據胸部的生存空間，導致乳房發育不良，出現下垂現象。因此，女人每時每刻都要保持最佳的姿勢，無論是坐姿，還是站姿。

十、**做健胸運動**。簡單的擴胸運動可以讓女人的乳房保持堅挺和緊實，避免下垂；適度地鍛煉胸肌，還有助於活血舒筋，避免誘發乳房疾病。閒置時間，完全可以做些簡單的健胸運動，例如，雙手胸前合十，慢慢向上舉過頭頂，保持姿勢 10 秒鐘，逐漸下落到胸前，反覆 5 至 10 次。

十一、**維持正常的作息**。對於乳房的健康來說，充足的睡眠時間和有規律的作息非常重要。資料顯示，患乳房疾病的女人多數都喜歡熬夜、通宵、不按時睡覺，這些做法都會傷害到乳房的健康，影響身體新陳代謝和血液循環，甚至還會導致荷爾蒙混亂，對乳房健康造成負面影響。

十二、養成洗澡的時候做胸部保養的習慣。洗澡的時候，也要重視乳房保健。調節洗澡水溫的時候，要儘量讓水溫保持適宜，溫度太高，不僅會讓乳房的結締組織發生老化，還會讓身體肌膚失去彈性。最好的淋浴方法是，將蓮蓬頭由下往上傾斜 45 度角，用冷熱水交替來沖洗乳房，搭配上按摩，效果會更好。

十三、注意食補。為了豐胸，有些女人會吃一些有利於漲胸的食物，這些食物不僅有利於胸部變大，還可能讓胸部發脹，延緩胸部隨著年齡出現下垂或縮水現象。

十四、緊實肌肉。身體挺直，雙手成「合十掌」姿勢，左右手施力互相推擠，吸氣停止，吐氣再推，約 1 分鐘。這樣做，不僅能使前胸與手臂內側肌肉變緊，還能有效消除腋下兩側多餘的脂肪，並防止「副乳」產生。

十五、進行胸部的形體梳理。平常若姿勢及形體不良，容易導致胸部的脂肪位移至背部或腹部，透過形體梳理，可以讓脂肪和和肌肉正確「歸位」。此外，很多姐妹們透過形體梳理訓練，在短短的時間內，便可以改善大小胸、副乳等問題，讓下垂的乳房往上拉提、變豐滿，對於女性胸部的保養更是大有益處，可以預防乳腺增生、乳腺結節、乳腺

堵塞和胸部氣結。負面的情緒和壓力容易囤積在胸部，透過形體梳理進行疏通，隨時保持好心情，也十分重要。

Chapter 11
腰部：女人風情盡在腰

我們都喜歡楊柳細腰，都不喜歡水桶腰。因為，細腰，是魅力女人的風情所在，更是大媽與少女的分水嶺。

11-1
腰部的纖細程度，
決定了女人對男人的吸引程度

S型的標準是根據身體的比例來說的。如果一個女人，胸部、屁股比較大，根本就不算 S 型身材。S 型身材一般都身材勻稱，要胸有胸，屁股要翹，腰要細；凹凸有致，該豐滿的地方豐滿，該細的地方要細。

人體最美的線條就是從腰到臀部的曲線，胸、腰、臀組成的 S 型曲線，是女人最性感的部位。

現今世人審美觀都是曲線為型，以瘦為美。腰線會讓人看

189

起來更加苗條迷人，下面是塑造腰部線條展現曲線的技巧。

迷人嬌俏的小蠻腰，是很多女人夢寐以求。因為小蠻腰不僅可以體現女人的柔軟，還可以提高個人魅力，讓女人變成一個具有吸引力的人。可是在現實中，因為生活習慣、飲食習慣、工作等原因，很多女人的腰部都成了最容易堆積脂肪的部位，有些人原本要擁有小蠻腰，但是到最後，只能擁有臃腫的水桶腰。

生活中，女人腰細就是一種美。任何女人都希望自己有魔鬼般的身材，細腰就是最基礎的東西。一個女人，該細的地方細，該凸的地方凸，就是最迷人的本錢，男人看到了以後，一定會產生心動的感覺。任何男人，都不會喜歡水桶腰。

一、細腰體現了女人之美。腰細完美體現了女人的美。因為在男人的心目中，不管女人的臉蛋有多漂亮，只要有水桶腰，就會覺得這個女人並不美。一個女人，臉蛋漂亮，再加上腰細，就可以完美地詮釋自己的魅力。所以，很多男人尋找女人的時候，不僅會看女人的臉蛋，還會看女人的身材，腰細就是體現身材的利器。

二、細腰的女人比較嫵媚動人。女人的腰細，會給別人一種嫵媚動人的感覺。因為「嫵媚」二字，並不是只說女人的臉

蛋,而是女人的整體外形,沒有腰細做襯托,就無法詮釋女人的嫵媚和動人。所以,只要看到女人腰細,很多男人都會覺得對方很嫵媚。即使是臉蛋很普通,也會讓男人感到與眾不同。

三、細腰能讓男人產生心動。女人的細腰最大的功效,就是男人看到後會有一種心動的感覺,會產生一種無法控制的衝動。也就是說,第一眼看到女人,他就會心潮澎湃,無法阻止自己的心跳;同時,還會產生一種無法言喻的吸引,很想靠近女人,並得到女人的心,繼而很快愛上女人。

四、細腰的女人讓男人想保護。女人的細腰會給男人一種弱不禁風的感覺,這種感覺會讓男人不由自主的產生一種想保護的想法。男人的內心都很博大,看到弱小的女人,就會產生保護女人的欲望;而女人的細腰,就會在無形中給男人這樣一種體會。由此,男人看到腰細的女人時,就會從心底產生這種感覺,想著把女人擁在懷中。

五、細腰能體現出女人非常性感。女人的細腰,會讓別人覺得非常性感。因為女人是不是性感,並不是臉蛋可以完美表現的,通常,需要用身材來判定。而身材中,腰細就是一個明顯的表現。女人腰細,就會給男人一種性感的體會,

就會讓男人愛不釋手。記住，每個男人都喜歡性感的女人。

六、細腰能讓男人產生保護慾。女人的細腰，最明顯的一個表現就是讓男人產生很強的佔有慾。在不知不覺中，男人就會想擁有女人、佔有女人，產生一種無形的慾望、一種欲罷不能的感覺。有時候，女人覺得男人很色，其實並不是男人色，而是女人的腰細，讓男人無法自控，只想保護女人。

11-2
輕鬆減去腰部贅肉，
瘦出性感小蠻腰

很多女人一生都在追求減肥，為了變瘦，可以說是無所不用其極，比如：運動、節食、少吃，結果發現，恢復正常的時候，體重就會立刻回升，即使體重真的變輕了，也瘦了不該瘦的地方，腰還跟過去一樣的粗，肚子還是一樣大；其實，如果真想減肥，讓自己更有女人的曲線，就要透過形體梳理，讓自己的胸、腰和臀線將身材展示出來。

女人要追求胸、腰和臀線，而不是一味追求體重數字。因為有時候掉了體重，卻會讓最不想瘦的地方變瘦。而通過形體梳理，完全可以幫助每個部位，包括臉頰、雙下巴、輪廓線、脖子，甚至你的肩和腿，都能梳理得非常有線條。最重要是，還能讓你整個人更有生命力。我想，這才是現代女人需要追求的。

一、**端正坐姿。**久坐會使腰部累積很多脂肪，從而造成贅肉。正確的坐姿可以達到瘦腰的功效，具體的運動動作是：坐在椅子的 1/3 處，上半身保持垂直狀。保持這種姿勢一段時

間，背部線條就能變美，腰部的贅肉也會消失。

二、**經常站立**。在每次進食之前和進食之後都站起來，不要坐著，站立時要收腹；也可以靠著牆邊站立，收緊腹部。每天堅持下去，肚腩自然會消失。

三、**仰臥起坐**。做仰臥起坐的時候，腰部的運動量最大，熱量不斷消耗，久而久之就會達到瘦腰的效果。建議在傍晚或晚上的時候，每天做 50 個仰臥起坐。

四、**補充水分**。身體脫水會導致身體儲存更多的水，脫水會讓身體攜帶 4 磅多的水分，必然顯得更加臃腫。所以為了達到體內水分平衡，每天都要補充八杯水。

五、**仔細飲食**。每一口食物至少需要咀嚼 10 次才能吞嚥，胃和腸道都是消化器官，咀嚼不到位，會導致腸胃脹氣和消化不良。經常吃速食更容易吞咽空氣，無疑就增加了大腹便便的風險。

六、**多行走**。每天步行 30 分鐘能夠更有效地燃燒脂肪，減少腰圍。

七、**少吃口香糖**。咀嚼口香糖的過程中會吞下更多的空氣，導致腸胃脹氣。如果要清新你的口氣，最好口含薄荷。

八、**身體放鬆**。感到疲憊時，身體內增加了類固醇和應激激素，
　　會影響消化系統穩定並造成便秘。激素可以使多餘的脂肪
　　堆積在腹部，每天花 20 分鐘做身體放鬆，有助於保持身材
　　苗條。

11-3
❧ 女人腰部護理的注意事項 ❧

　　女人的腰，一直都是美麗的風景。對於很多女人來說，只要擁有苗條的身材，就能盡可能地展現自己的魅力。

　　腰部是人體的敏感區域，很容易受傷，要懂得保護它。那麼，我們該如何保養女人的腰部？

一、保養腰部的重要性

保養腰部的重要性主要體現在以下幾個方面：

1. **約束經絡**。腰部是人體的帶脈區，其他區域的經絡都是豎著的，只有帶脈是橫著的，所以帶脈就像人體自身配備的一條腰帶，主要功能就是「約束諸經」。腰帶的主要作用是，讓褲子不鬆弛，而人體的「帶脈」也有這個作用。人體其他的經脈都是上下縱向而行，只有「帶脈」橫向環繞一圈，就像把縱向的經脈用一根繩子繫住一樣。所以，腰部脂肪過多，就會造成淤堵；而帶脈一旦堵塞，身體多條經絡就會堵在腰腹處，堆積太多的毒素和脂肪。由此，帶脈區也就成了人體微循環最薄弱的地方之一。

2. **氣血循環**。腰是人體的帶脈區，是督脈和任脈經過的地方，脂肪壓迫在帶脈上，氣血循環就會變差。比如，氣不順：頭部缺氧狀態，出現頭暈、頭痛、失眠、多夢、記憶力下降等症狀。血流受阻：形成低血壓和三高。因為女人的身體特點和生理特點，使得出現腰痛的機會比男人多了很多；而腰部的痛感也有不同，代表著不同的情況。

二、如何進行腰部保養

要想保養腰部，就要從以下幾方面做起：

1. **前下腰運動**。具體做法是：將身體放鬆，雙腳稍微分開，等距離站立。然後，將雙手向上舉，身體盡可能往前下腰。注意，不要摔倒。接著，身體往前傾，盡可能地讓指尖能夠摸到腳尖。如果不行，不要太牽強，可以慢慢練，站立之後再重複動作，大概練習兩分鐘左右。注意，腳要盡量保持直立，剛開始彎曲沒關係，慢慢地練習，效果是很好的。

2. **不要彎腰駝背**。現在很多上班族都是長時間坐著對著電腦工作，沒有使用正確的坐姿，加大了腰椎承受的壓力。坐著的時候，要保持正確坐姿，不要彎腰駝背；椅子和電腦螢幕高度要調到合適，坐 1 個小時左右就要起來走動，伸個懶腰，

活動一下脖子。練習擴胸運動，有助於緩解腰椎承受的壓力，能夠促進血液循環。

3. **床鋪不要太軟。**腰部具有自己的生理曲度，如果床鋪太軟，就會影響脊椎的正常發育，出現駝背等問題。適當的床鋪軟度，才能夠讓腰部肌肉得到放鬆。

4. **腰部不要受涼。**不注意腰部的保暖工作，腰肌就容易著涼。因此，要少穿低腰褲、露腰裝，以免造成帶脈瘀堵。此外，還要做做艾灸、推拿、泡熱水澡等療法保養，因為人的內在陽氣不充足時，必須借助外在力量來補充。平時不要直接對著空調和風扇來吹，儘量不要在潮濕、冰庫等環境下工作。

5. **少吃性寒生冷食品。**如果月經量過多、經常腰部冷痛，就要及時調養腎臟，多補腎陰，增強抵抗能力。可以食用一些補腎的食物，比如：枸杞、山藥、桂圓、核桃等；食補可以吃一些。女性腰痛的人，不要過多地食用性寒生冷食品，即使在夏天，也應如此，比如，冰鎮啤酒、飲料、西瓜、霜淇淋等。

6. **經常推敲帶脈。**想要讓堵塞的帶脈恢復通暢，減少肚子上的贅肉，行之有效的方法就是經常推敲帶脈所在的位置。經常推敲保養帶脈，好處多多：有利於脂肪的代謝，減少贅肉的產生；可以增加腸道蠕動，有很好的通便效果；可以讓經絡

氣血運行加快，調經止帶及疏肝行滯，消除諸經在此處的血瘀積熱。此外，帶脈上的三個穴位帶脈、五樞、維道等全都壓在膽經上，敲擊帶脈又能起到排除體內毒素的作用。

7. **隨時保持立腰姿勢。**想要擁有纖細的腰部，良好的站姿與坐姿是關鍵，如果你的姿勢不良，很容易造成小腹凸出。這也是為什麼我有很多學生，一旦站姿調整好了，短時間內他們最在意的腰間贅肉便消除了，改善了女性最在意的腰部肥胖問題。而平常坐的時候，一定不要讓自己的坐姿呈現鬆散的狀態，整個人像洩氣了一般，如此不僅傷害腰椎及尾椎，也容易囤積腹部脂肪。因此試著讓自己站、坐之時，直立腰部，找到立腰的感覺，不僅能夠擺脫「小腹婆」，還能很明顯地看到腰身曲線，穿衣時更顯迷人風情，展現楊柳小蠻腰的窈窕輪廓。

Chapter 12
臀部：最「性感」莫過女人臀

女人最性感的部位，既不是臉，也不是腿，更不是腰，而是臀。根據美國一家機構的街頭測試，男人看到美女時，目光會停留 3 至 5 秒；看到美臀的女人，目光會一直注視。

12-1
蜜桃臀是女人最性感的標誌

飽滿挺翹的臀部，不僅男人愛，女人也愛。蜜桃臀是女人最性感的標誌，任何女人都夢想擁有翹而圓潤的蜜桃臀。圓潤、緊緻、挺翹的完美臀部絕對是焦點中的焦點，無論是穿緊身褲、牛仔褲，還是裙子，都能完美地展現凹凸有致的身材，穿什麼都好看。

但現實中我們的臀肥碩鬆弛，扁平下垂，胯大腰圓，屁股肥平，尤其是辦公室久坐不動的「粉領族」，更容易造成臀部

的擠壓變形，血液流通不暢，導致臀部水腫、脂肪堆積。如果你不愛運動，時間長了，屁股的肌肉也會變得鬆弛，從而導致下垂。

有些人不僅臀塌，還有假胯，假胯不僅顯胖，屁股還顯得大，不管穿什麼，都非常難看。假胯，是破壞身材的惡魔。很多女人明明四六的黃金比例身材，但假胯寬，看上去就跟五五分的小短腿似的。

不同身形練蜜桃臀的方法不同：身形較纖細的族群，不僅要加強訓練，還要攝取足夠的蛋白質和碳水化合物，讓身體有足夠的能量來合成肌肉。動作要點如下：相撲式深蹲，每天 30 ～ 50 個。

雙腳打開比肩略寬，腳尖向外朝向 45 度方向，腳後跟微微離地，膝蓋微彎，這個動作不僅能夠訓練蜜桃臀、大腿內側與小腿，還能強化腿部的肌力，並鍛鍊我們的重心。剛開始做的時候，對於重心不平衡或是雙腿較無力的人，可以找一面牆，雙手稍微扶著，慢慢地去訓練腿的力度，漸漸地雙腿也可以越打越開。

12-2
❧ 想要顯高，臀部不能塌 ❧

　　每個人的身材都不一樣，但有些女人的身材天生就非常好，也就是我們經常看到的模特兒身材。身材比較好點的女人多數都是前凸後翹的類型，部分女人則因為平時養成了不好的生活習慣，導致自己的臀部又扁又平，讓臀部看起來特別難看，臀線上提，人會顯高顯瘦。

　　如果想讓自己的臀部看起來非常好看，可以採取一定的辦法，讓臀部不那麼扁平。因為很多運動都有著一定的塑身效果，可以讓我們的身材看起來更好一些。

一、臀部醜的原因

　　臀部是女人的第二張臉，然而現實生活中第二張臉顏值高的女人卻少之又少。是什麼原因造成的呢？

　　原因 1：長時間坐著不動。有些上班族女人一坐就是一天，除了喝水和上廁所外，根本沒有起身的機會。一天工作 8 小時，屁股都黏在凳子上，不被壓扁才怪。

　　原因 2：走姿不正確。走路姿勢也會影響身材。有些女人

走路時，步幅小，左右搖晃，速度慢，膝蓋彎曲過多。要知道，走路也是鍛鍊臀部肌肉的好機會，不會正確使用胯部發力，只是小步前移，也就錯過了使它飽滿上提的機會。

原因3：長時間站立。站的太久也毀臀。因為站得太久血液不易回流，臀部供氧量就會不足，新陳代謝不好，還可能引起靜脈曲張。

原因4：內褲不合適。有的女人運動時，喜歡穿薄薄的、沒有支撐力的三角內褲，開始時不覺有何不妥，隨著運動時間的加長，臀部就會因為彈性纖維組織鬆弛、支撐力不夠而向地心看齊。

二、透過運動，練習臀部

在女人的夏日服飾中，總能看到牛仔褲的影子，但是很多女人腿型不好看，不敢隨意展露腿部曲線，有一種腿型叫「假胯寬」。不僅穿牛仔褲不好看，即使穿裙子，也會顯矮顯胖。那麼，假胯寬腿型具體表現是什麼樣子呢？平時久坐不動、翹二郎腿、走路姿勢不對、臀部乾癟鬆弛無力、大腿根部向外突出、直接拉低臀線，在視覺上使你的腿看起來更短，人也會顯胖。

其實，女人臀部的完美造型，可以通過有針對性的美臀操鍛鍊出來。原因就在於，人體最大的肌肉之一的臀大肌對操練刺激反應特別迅速，能在最短期內變得繃緊結實起來。

如果確實下定決心要讓自己的臀部變得特別好看，平常就養成良好站姿的習慣。其實，在家裏的時候，也可以做些其他運動。比如，深蹲。很多人都知道深蹲對身體的好處，比如，讓我們的臀部變翹，所以是臀部不好看的女人，也可以經常的做這個動作。做深蹲的時候，每次做的時間都不能太長。因為，雖然深蹲對我們的臀部有幫助，但是如果長時間做這個運動，就會對膝蓋造成傷害。所以，做深蹲的時間不能太長。但是，為了更好改變屁股的形狀，每次做的時候，動作要儘量標準一些。

記住，人體上半身的根基是骨盆，骨盆不正，會導致脊柱側彎、長短腿，接著誘發高低肩，所以調整體態的首要是先調整骨盆。

臀部對女性而言是至關重要的部位，臀部涵蓋骨盆，而骨盆包含女性生殖器官，當骨盆的位置不正，子宮卵巢就會偏離正常的位置，引發經期不順、提早進入更年期、經痛、甚至影響受孕等症狀，這也是現代女性普遍存在的健康問題。

　　形體每一個部位相互連結，並且相互影響，臀部上有腹部，下有腿部，後有背部，所以我一直強調要保持良好的站姿與坐姿，當你的臀部兩側高低不均，或是你有假胯寬、長短腿等問題，都會進一步影響身體其他部位，關乎女性形體的健康及外在的美麗。

　　我幫助過很多學員矯正好他們的站姿，自然而然便也調整了臀部。從外觀而言，臀線高一度，人就顯高、顯瘦，很多姐妹們透過形體訓練，在短時間內便收穫極大的改變，臀線上提了，原本肥大的臀部變小了，下垂的臀部也變得緊實有彈性了。

　　更重要的是，當骨盆調整正位，才不會衍生脊椎側彎、長短腿、高低肩、大小臉及大小眼等各個形體部位的問題，更能幫助女性改善經期不順及經痛困擾，再者，子宮卵巢的健康保養，也會延緩女性衰老，比如，減緩女性提早進入更年期，以及促進女性荷爾蒙分泌。

　　每一位女性的年齡、形體及健康狀況不同，得到改善的症狀也不同，但是效果都非常好，因此我想獻給每一個正在看這本書的你，一定要建立正確的觀念，並好好善待你的臀部，讓健康美麗的形體伴隨你一生。

Chapter 13

腹部：漂亮女人以腹部平坦為美

氣質女人，腹部都平坦。不要讓累贅的腹部，影響了你的魅力。

13-1

謹記遮腹顯瘦的三個法則

很多中年女人為了讓自己看上去更年輕，就在保養方面下功夫，希望自己能夠看上去顯得不衰老。其實，有時候，一個人看上去是不是年輕，不能只看臉，穿搭也很重要。如果臉部看上去非常年輕，穿搭卻像個 50、60 歲的老年人，依然不會產生減齡的效果。所以，要想讓自己的穿搭看起來顯得更年輕，首先就要從修飾身材、揚長避短方面入手。

一、**弱化上身曲線**。很多女人比較豐滿，尤其是胸部，穿衣服的時候很容易給人一種臃腫的感覺。所以，上衣要儘量選

擇西裝襯衫等比較挺闊的衣服，如此，上身曲線才不會太明顯，更不會突出上半身的豐腴之感，看上去會顯得瘦弱很多。人到中年，如果能保持這種清瘦的感覺，其實也不錯，比過於豐滿的女人穿衣服也更好看。

穿西裝外套的時候，內搭可以選擇普通的真絲衫，或直接選擇一款長款的連身裙，既顯得有層次感，又不用考慮下半身的搭配，一舉兩得。上半身，儘量選擇收腰的西裝，看上去曲線會顯得更好。當然，無論是穿西裝褲，還是穿連身裙，都要儘量選擇寬鬆的設計，以便突出上緊下鬆的感覺，遮住腰腹和大腿的肉。

這種搭配比穿直筒裙給人的感覺更和諧，如果腰比較細，還能突出身材的妙處。只要隨便配一雙高跟鞋，再搭配一個低調的包包，就能打造整體的出色造型了。看上去不僅減齡，還很有氣場，是很多女人的首選。

二、**衣服遮住臀部**。有些女人臀部比較扁平，看上去下垂，為了改善這種情況，就要儘量想辦法把臀部遮住。可以選擇一款比較長的上衣，還可以選擇風衣。很多風衣都是長款，不僅造型比較別緻，遮肉效果也不錯，就能盡可能地凸顯自己的好身材了。

旗袍，也有利於修飾身材。旗袍，特別適合腰細胯寬的女人，旗袍的下半身可以選擇不是特別修身的，讓臀部線條不會太過扁平。有些開叉款也比較吸引人，可以外搭一個簡單的開衫或一個小披肩，給人溫婉的感覺。

三、**遮住小腿和手腕**。在穿著上既要低調，又要有時尚感，服裝太過暴露或過於性感，並不適合上了年紀的女人。為了突出自己的好身材，完全可以遮一下自己的手腕或小腿。比如，燈籠袖衣服，多數是雪紡面料，即使在夏天穿，也很涼快。隨便搭配一條長褲或寬褲，就會顯得非常時尚。

平時如果喜歡穿半身裙，只要露出腳踝即可，沒必要露出太多的小腿，畢竟中年女人的身材和年輕人還是有些差距的，露腳踝是為了突出最為纖細的部分。如果本身的身材就很好，也可以穿那種到膝蓋或膝蓋以上的裙子，具體要根據各人的身材來定。

選擇褲子的時候，中年女人可以穿九分褲，尤其是西裝面料的褲子，看上去更高級。燈籠褲或工作褲適合個子較高的人。所以，儘量不要輕易嘗試這種褲子，否則很可能會踩雷。如果穿得不好，不僅會顯得身材臃腫，還會突顯出個子矮的特點，所以在日常生活中，這類褲子基本上都穿在年輕人身上，同時搭配素雅平底鞋或小白鞋。

13-2
∽ 腹部保溫是最好的養生 ∽

　　宮寒，是造成女人身體衰老的「頭號殺手」。現在，很多女人都是「冰美人」，手腳冰冷，胃寒宮寒，性情冷淡；有些女人甚至還是下寒上熱，腹部溫度低。須知，腹部溫度每降低一度，代謝就會減少 12%；血液循環差，血液裏雜質污染就會增加，免疫力就會減少 30%，肌瘤和不孕症的機會就會變多，直接加速身體的衰老速度。。

　　腹部是女人重要的器官之一，也是人體主要氣血補充的發源地，完全制約著人體的運轉。如果腹部有某些疾病，就會引起整個身體的不適，所以一定要意識到腹部保暖的重要性。

　　腹部保暖的好處如下：

　　好處一：**促進消化**。腹部與胃部相互制約，相互牽連，只要保證腹部的保暖，就會促進人體的消化，增加腸胃的蠕動頻率，改善人體大腸的排便功能，增加胃部的食物消化、分解和吸收。所以，一定要保護好自己的腹部。

　　好處二：**有助於減肥**。女人如果想減肥，就要保證自己的腹部處於舒適狀態，尤其是對於腹部的保暖工作一定要到位。

如此，才能幫助身體新陳代謝，促進消化系統的運轉，就不會害怕食物的堆積了，可以快速消化食物，達到減肥的效果。

好處三：**促進血液循環**。每天保暖自己的腹部，會促進體內的血液流通，讓人心平氣和。尤其是治療高血壓、動脈硬化的患者，更能促進毛細血管的暢通，人體內的腎、脾、肝等也能恢復正常。

好處四：**預防婦科疾病**。很多女人疾病都是由於腹部被外界的寒氣入侵所致，因此，只要將腹部保暖工作做到位，就不會引起婦科疾病，比如：子宮炎、陰道炎、宮寒等，都是由於腹部沒有很好的保暖而導致的。

13-3
要想美麗，先要養好子宮和卵巢

卵巢是女人最重要的生殖器官，不僅為女人提供卵子、完成排卵，還負責合成和分泌雌激素、孕激素、雄激素等 20 多種激素和生長因素的責任。女孩第一次月經初潮，意味著卵巢的發育成熟。

女人的一生有大約會產 450 顆卵子，來一次月經，會有排出一顆成熟的卵子，正常一年排出 12 顆。除了孕育孩子，再加上哺乳期，以後的 30、40 年裏卵子的數量就會逐漸減少，身體營養流失，卵巢慢慢老化和萎縮，如果身體嚴重缺乏營養，會導致卵子沾黏，一次排出 3 至 8 顆，會導致提前閉經。

月經的停止標誌著女人已經邁入了絕經期，又稱更年期。絕經期平均年齡為 51 歲，而絕經期在 35 歲或之前到來則定義為早衰。

女人的子宮和卵巢是重要的生殖器官，又是非常脆弱容易生病的器官，一旦這兩個部位出現異常，嚴重的話還會影響女人的生育能力，所以平時一定要注意保養好。那麼，女人怎麼保養子宮和卵巢？

一、**運動能夠保養子宮和卵巢**。長時間不做運動，容易引起氣血鬱滯，導致女人身體卵巢出現早衰現象。

二、**通過飲食來調理**。平時一定要多吃富含纖維素的食物，幫助女人清除體內過多的雌激素，降低女人因激素過量而引起的腫瘤風險。儘量不要吃太鹹的食物，否則不利於女人排除體內多餘水分，影響到卵巢的正常排卵功能。

三、**少吃冰冷、辛辣刺激的食物**。這種食物吃多了，會引起氣滯血瘀等，嚴重者還會導致女人月經不調，也會影響子宮和卵巢的健康。此外，還可以透過對形體的調整，提升內分泌和生殖系統的功能，同樣有益於子宮及卵巢的養護，我自己就有很多學員透過形體的調整改善了更年期症狀、或早發性更年期、經痛、經期不正常的狀況，停經的來月經、減緩更年期症狀再次來月經、經痛不痛了、月經不正常的都每個月正常來報到。

13-4
給腹部良好的鍛鍊，練出平坦小腹

擁有一個平坦光滑的小腹是每一個女生的夢想，沒有一個人希望自己大腹便便，肚子上有個游泳圈。

當然，要想練出平坦的小腹，首先就要控制飲食。

想要練出平坦的小腹，首先要將體脂率降下來，將體重降下來，之後才可以針對小腹進行鍛鍊，否則，大肚便便，就無法塑型。當然，對於只有腹部肥胖的女人而言，也可以直接從針對性運動開始。但是，對於多數女人而言，首先需要進行減重飲食。比如，只需要吃到七八分飽，控制好、蛋白質和澱粉的攝取量。

一、油。要少吃油炸以及肥肉等食物。

二、澱粉。要少吃精糧，多吃糙米、麥片和紫薯等。

三、蛋白質。減重期間，攝入的蛋白質最好是蛋、魚肉和瘦牛肉等。

形體每一個部位相互連結，並且相互作用影響，前面所提到的背部、胸部及臀部也都與腹部息息相關。

想要擁有平坦的腹部，良好的站姿及坐姿至關重要，如果平常的坐姿鬆散，像是整個人洩氣了一般，日積月累，脂肪便會囤積在腹部，胸部也會跟著下垂，容易造成腹部比胸部大的狀況，不僅看起來沒有精神，氣質也不好。所以要養成腰部挺立的習慣，便能輕鬆告別肥胖「小腹婆」。

之所以形體梳理可以在短時間內讓女性的身材變瘦、變緊實，胸腰臀線也特別明顯，是因為當我們擁有正確的形體觀念及意識，並且養成良好的習慣，站坐之時保持腰部直立、氣息向上的狀態，就可以充分感受到腹部核心的力量，久而久之，形體便會影響我們的內心，造就好的心態，更重要的是，女性內心的力量，腹部核心是關鍵，當一個人透過形體訓練將腹部管理好，對於生活上人與人之間的關係也會獲得很大的改善。

Chapter 14
女人必學的逆天美腿修煉術

大粗腿、蘿蔔腿，會讓女人失去美感。美不美，先看腿！

14-1
人老腿先老，樹老根先衰

回想一下自己見到過的老人、中年人、年輕人和孩子：孩子坐著時，腿會晃來晃去；年輕人的腿閒不住，即使坐著，還要抖腳；中年人只要走多了，腿就疼；老年人喜歡坐著不動。

太極張三豐曾把人比做是無根樹：人是無根樹，四肢就是人的樹幹樹葉，人安靜下來後，四肢就會自動發熱。

腿部是體態的重中之重，腿部的體態問題很多，歸結起來主要有兩種，一種是腿粗，一種是腿形不正（圖）。

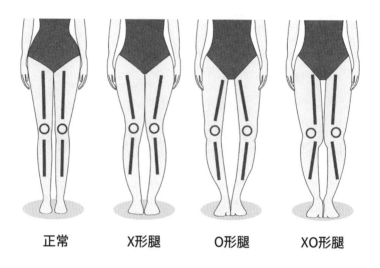

| 正常 | X形腿 | O形腿 | XO形腿 |

▲ 好的腿型也非常影響氣質，可是多數女人都或多或少是 x 型腿或 o 型腿。

　　每個女人都希望自己有一雙完美的大長腿，但明星那樣完美的腿型並不是每個人都能擁有，所以要多運動減肥，保護好自己的腿。那麼，究竟怎樣的腿最美呢？

女人腿美的標準如下：

一、比例。腿部比例非常重要。一般來說，小腿比較長，大腿比較短，這種身材比例看起來比較協調；腿部比例不好的女人，可以穿 A 字裙，打造修飾身材的作用。

二、腿型。腿型好的女人，一般既不是 x，也不 o，是比較完美的腿型，看起來特別直，明星一般都是這樣的腿。如果腿型不夠直，可以穿條寬褲，進行修飾。

三、皮膚。腿部皮膚是衡量腿部是否好看的重要因素，所以，一定要保養好自己的腿部肌膚。如果腿上皮膚不好，可以選擇肉色絲襪，掩蓋住腿上的瑕疵。

14-2
常做這四個腿部動作，助你擁有筷子腿

每個女人都渴望擁有一雙大長腿，上下一般粗細，站在那裏就像一雙筷子。如今不只女明星能輕鬆擁有筷子腿，很多街拍時尚麗人也是標準的膚白貌美大長腿。

在夏季的時候，女人都想自信地穿上短裙和熱褲。但是現實總是殘酷的，看看自己的大象腿就歎氣。那麼，生活中如何調整自己的腿型呢？

一、O型腿

O型腿又叫羅圈腿，也叫作膝內翻，這種腿型的特點是：雙下肢自然伸直站立時，雙側足內踝能相碰，而兩膝不能靠近。

1.O型腿的危害。O型腿的危害如下：腿曲線變化，從正面看，

顯得腿短，上下肢比例失調；兩條腿之間縫隙巨大，視覺上非常不美觀；大小腿都是骨骼外側肌肉多、內側肌肉少，肢外輪廓線更加外移，顯得胯寬，小腿特別彎；身體重量過多地集中在膝關節內側，行走時，不容易保持平衡，容易搖擺，形成鴨子步，步態難看。O型腿破壞了膝關節正常力的分佈，使關節一側所受的生物應力增大，對側相對減少，時間長了，還會引起膝關節行走時疼痛，影響到關節活動，進而引發骨性膝關節炎。

2. 改善腿型。要想改善 O 型腿，就要從以下幾方面做起：

（1）調整走姿。O 型腿的人走路一般都是外八字，行走的時候，雙足尖向外分，腿部會向外用力，膝關節受到向外分的力，久而久之，站立時膝關節就會無法併攏，變成 O 型腿。所以，要先調整走姿，將重心放在腿內側。良好的走姿應當是：身體直立、收腹直腰、兩眼平視前方，雙臂放鬆，在身體兩側自然擺動，腳尖微向外或向正前方伸出，跨步均勻。

（2）矯形治療。

「X」型腿的學名是膝外翻，有 40 多種疾病都能引發它，但 70% 以上的膝外翻是由於佝僂病所致。

「X」形腿，一般都是兩個下肢自然伸直或站立時，兩膝能相碰，兩足內踝分離而不能靠近。主要由先天遺傳、後天營養不良、幼兒時期坐走姿勢不正確引起。

二、OX 型腿

生活中很多女人都是 OX 型腿，這種腿會影響到整個腿型的美感，引起的原因除了遺傳和缺鈣等因素外，還是由長時間的站立姿勢錯誤而引起的，如果想調整，就要使用更加完整的方法。

重度 OX 型腿，可以透過形體梳理進行改變；輕度和中度在短時間即可看到改善與效果，在我的課程的指導下做調整，同時做些調整腿型的運動和好的習慣，比如：平常保持雙腳併攏站立，膝蓋靠攏，重心保持在中間，不要三七步站立、形體梳理或使用形體訓練來調整好腿型。

為了改變腿型，透過形體梳理就可以得到很好很大的改善。如 O 型腿、X 型腿矯正，在我們的線下學習已經幫助無數有腿型困擾的女性，得到很好的矯正與改善；另外還要端正走路姿勢，走路時，不能選擇內外八字，不要駝背，要盡可能地不翹二郎腿，不要跪坐和長時間盤坐，端正自己的走姿和生活中的坐姿。

14-3
❧ 女人腿部保養的秘訣 ❧

　　人老腿先老，腿無力就是老化的關鍵 要隨時練就一雙直而有力的腿。雙腿是人體的重要交通樞紐，連接人體的大循環組織，保證腿部健康才能很好的暢通經絡，所以腿部的保養是非常重要的。

一、保養腿部的重要性

　　如果把身體比做一台機器，「腿」就是提供動力的馬達。馬達不靈了，機器便會老化、運轉不良。隨著年齡的增長，女人不怕頭髮變白、皮膚鬆弛，怕的就是腿腳不靈便。長壽老人幾乎都步履穩健、行走如風，只要養好雙腿，活過百歲的可能性便大大提高。

1. 雙腿是支撐著整個身體的重量牆。一個人 50% 的骨骼和 50% 的肌肉都在兩條腿上，一生中 70% 的活動和能量消耗都要由它完成；人體最大、最結實的關節和骨頭也在其中。年輕時，大腿骨可以支撐起一輛小轎車；膝蓋則承受著 9 倍於體重的壓力；腿部肌肉也要經常與大地的引力進行搏鬥，保持緊張狀態。所以，堅實的骨骼、強壯的肌肉、靈活的關節形成了

一個「鐵三角」，是承受人體最主要的重量。

2. 雙腿是身體的交通樞紐。兩條腿有人體 50% 的神經、50% 的血管，流淌著 50% 的血液，是連接身體的大循環組織。只有雙腿健康，經絡傳導才暢通，氣血才能順利送往各個器官，特別是心臟和消化系統。可以說，腿部肌肉強勁的人必然有一顆強有力的心臟。

二、腿部的保養秘訣

怎樣正確保養你的腿？重要的方法就是按摩。具體方法如下：

1. **腿部整體按摩**。用雙手緊抱一側大腿，用力從大腿開始向下按摩一直到足踝，然後再從下向上按摩。之後，以同樣的方式按摩另一條腿，重複 10 至 20 遍。這種方法，可以增強腿部肌肉，預防下肢靜脈曲張、水腫及肌肉萎縮等。

2. **按摩小腿肚**。用雙手手掌夾住腿肚，旋轉揉動，兩腿交替進行，每側揉動 20 至 30 次，共做 6 次。此方法不僅可以緩解腿部疲勞，還能疏通血脈，增強腿部力量。

3. **小腿運動**。一手扶牆或其他支撐物，向前伸腿，使腳尖向前向上翹起；然後，向下，一次可 50 至 100 次為宜。此方法可

以有效預防下肢萎縮、軟弱無力或麻木、易抽筋等症狀。

4. **按摩膝蓋**。兩足平行併攏，屈膝未下蹲，將雙手放在膝蓋上進行揉動，先順時針揉動數十次，然後再逆時針方向揉動。該方法簡單易做，可以疏通血脈，緩解膝關節疼痛等症狀。

5. **按摩腳趾**。端坐，兩腿伸直併攏；低頭，身體向前彎曲，使雙手搆到腳趾；然後，用雙手扳動腳趾 20 至 30 次。此方法不僅能增強腳力、活動關節，還能鍛鍊腰部。

6. **暖雙足，搓腳心**。首先用熱水泡腳，促進全身血脈流通，緩解疲勞；然後，將雙手掌搓熱，用手掌搓腳心，做 100 次左右。該方法可以降虛火，還能防止高血壓、暈眩，耳鳴、失眠等。

三、杜絕不合時宜的事情

當然，做腿部保養時，有些事情也是需要注意的：

1. **正確的走姿**，正確地站姿都可以保養運動腿部。每天走路，也能瘦腿。走路是瘦腿的一大有效方法，每天要騰出 30 分鐘的時間走路。走路時，要背部挺直、放鬆，膝蓋伸直，將重心由腳跟落下、腳掌著地移向腳尖，增加小腿的活動量，讓腿部更結實修長；抬頭挺胸，收腹提臀，上半身不擺動過大的弧度，利用腰部及腿部的力量，邁出步伐，使身體向前

挺。記住。千萬不要長時間久站、久坐和久蹲。

2. **多正，少翹**。長時間在辦公室工作的女人，腿部伸展的機會較少，所以，要注意坐姿的正確以及坐著時腿部的活動。具體做法是：背脊與椅子的靠背貼合，背部肌肉自然放鬆，身體和大腿、大腿和膝蓋下的小腿呈 90 度直角。兩腿的姿勢優雅地合併，向前或向兩側擺放。

3. **多平，少斜**。長期重心不平衡，也會造成腿形的不美麗。為了適應重心的改變，為了保持平衡，身體會自然調整到一種姿勢，在自己都還沒發現的情況下，可能你的肩膀就傾斜了、腿形已經彎曲了。所以，要養成換邊背書包的習慣；站的時候，要將重心放兩腳掌上；除了正式場合，儘量不要穿高跟鞋。

4. **多睡，少熬**。睡眠時間不足，不僅會影響皮膚，還會影響身材。每天的睡覺時間應保持在 8 小時。熬夜、睡眠不足會令身體的新陳代謝減慢，使體內的毒素和多餘廢物較無法排出體外，腿部還容易出現水腫肥胖等現象。

5. **多板，不軟**。寢具太過柔軟，會使腰部下沉；睡覺時間太長，會導致骨盆歪斜，讓骨骼形狀改變；此外，還會造成臀部突出、腰部疼痛等現象。因此，有時睡睡木板床，反而是好事。側躺睡覺，會彎曲股關節和曲膝，時間長了，就會引發臀部突出、骨盆歪斜等現象。

6. 挑著吃。腿部變粗，跟日常飲食也有很大關系，如果想雙腿變得纖瘦，就不能貪吃，要挑著吃。在飲食方面注意以下幾點：

（1）多吃蛋白質，促進肌肉生長，比如：肉類及大豆製品等。但吃肉時，要除掉肥肉，以免堆積過多的脂肪，導致肥胖。

（2）吃含鈣質的食物，比如：牛奶，可以預防骨質疏鬆；

（3）多吃含鉀的食物，幫助把多餘的水分排出體外，比如：香蕉、大豆、菠菜、紫菜等均含大量的鉀。

（4）不要喝含太多糖分的飲料或罐裝果汁，因為糖分會轉化成脂肪，即使是吃水果，也要選取糖分含量較低的，如蘋果、橙、西瓜等。

（5）不要攝取太多的鹽分，否則容易體內積水，形成水腫，要少吃薯片、香腸、鹹魚等高鹽分食品。

7. 多運動。不要懶於鍛鍊，要經常抬腿。每天回家後，立壁抬腿 15 分鐘。

8. 多泡澡。入浴不要草草了事，用溫水泡浴，不僅能鬆弛神經，還能加速血液循環，達到消脂的效果。泡浴時，水溫保持在 42℃至45℃，溫水浸至胸部，坐入水中 3 分鐘。重複 4 至 5 次，就能大量排汗，將下半身的熱量消耗掉，使腿部的肌肉更結實。

14-4
你的腿型跟你的骨盆有關係

隨著脊柱曲線的加劇彎曲，會伴隨骨盆前傾（如圖）。有些女孩本來很瘦，但總覺得肚子外突，可能就是這個原因造成的。

骨盆過分前傾，會造成腹部肌肉鬆弛，導致腹部增大，不夠緊實；腰部壓力大，腰部就會產生不適和疼痛。骨盆前傾會帶來翹臀的假像，以及小腹突出。

骨盆前傾是怎樣形成的？原因有兩個：一個是走路姿勢出現問題，走路和站立時把重心放在腰椎上。一個是，腹直肌和臀大肌力量不足，下背肌和骼腰肌過於緊繃。

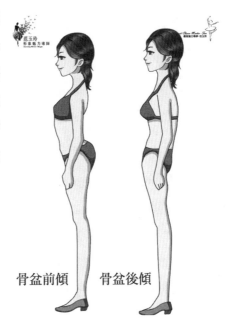

骨盆前傾　　　骨盆後傾

225

要想改善這種狀況，可以採用以下方法進行改進：

一、**矯正走路姿勢**。具體方法是：背挺直，腳跟先著地，依次過渡到腳掌、腳尖。

二、**靠牆站立**。具體方法是：貼近牆面，腰椎離開牆壁，骨盆往後傾，慢慢做，邊深呼吸，保持 20 秒，重複 15 至 20 次。

在我的教學生涯當中，透過形體梳理，我幫助了很多腿部曾經受過傷的姐妹們。印象深刻的是，我有一位學員綜合諸多身體困擾於一身，她在 30 年前不幸遭遇車禍，足部開放性骨折，導致她長期不敢對受過傷的腳施力，進而造成身體重心往一邊傾斜。

當我第一次見到她，便能一眼看出她重心不平衡的模樣，甚至她在穿夾腳拖走路的時候，無法靠著兩根腳趾夾住整個拖鞋。由於腿部長期無法施力，肌肉萎縮造成了長短腿，嚴重的身體傾斜，更引發身體其他部位的不適。

在四天的訓練課程當中，形體梳理為這名學員的重心不穩及長短腿問題，帶來了極大的改善，當下的她，情緒十分激動，因為她長期以來處於半放棄的狀態，認為那隻受過傷的腳已經沒救了，而如今形體梳理卻在短時間內解決了她 30 年來的困擾。課程期間我格外留意這名學員的學習狀況，直到第四天的課程

結束後，她滿心喜悅地來告訴我，她的腳趾頭開始有反應了，可以透過施力緊緊夾住整個夾腳拖鞋，並且能夠保持身體重心的平衡。

當人體重心長期傾向於一邊，也容易造成內臟不平衡，引發內臟疾病。困擾她兩三年的心臟瓣膜疼痛疾病，也在她之後更進一步地透過線上形體訓練課程，以及參與進階課程後，獲得了很大的改善，進而不藥而痊癒。

此外，這名學員育有一對雙胞胎，產後嚴重子宮下垂，頻尿及漏尿問題纏身，導致她多年來不敢出遠門旅遊。受過傷的腿部，會進而影響到骨盆，而骨盆涵蓋了子宮和膀胱，所謂牽一髮而動全身，30 年前的一場車禍造成了日常生活中許多不便之處。形體梳理在短短的時間內，讓她在身心各方面恢復了許多，即便她年紀將近 60 歲，依然能夠從意外中所留下的創傷，修復自我，重新蛻變。讓眾人感到更驚豔的是，如今她的腿變成了許多女人夢寐以求的纖細筷子腿。

還有一位學生，膝蓋屢次受傷，新傷疊舊傷，反覆下來導致腿部無力。同樣地，她也是透過形體梳理，幫助她在腿部的恢復上獲得很大的改善。後來她更花時間進行復健治療，她才深刻明白，擁有正確的腿部保養觀念，才能延續腿部的健康。

在我的形體訓練課程當中，我也幫助過許多女性，矯正及修復不良的腿型，例如：O 型腿、X 型腿，並成為女人夢想中筆直修長的筷子腿。

曾經有一個特別難忘的經驗，我有一名學員，她是輕度小兒麻痺患者，自始至終給自己貼上「身心障礙者」的標籤，對於自己的外在或內在，她感到相當自卑，而這份自卑更像是心魔一般，深入她的心靈。

然而，她走進了我的教室。在 4 天的形體訓練課程當中，起初她一直抱著懷疑的態度，不相信自己能夠有所改變，直到課程即將進入尾聲，她透過步態的訓練，學習到如何游刃有餘地展現優雅和自信，甚至走出氣場全開的風貌，完全看不出她是一位小兒麻痺患者。當我看著她自然綻放笑顏的模樣，我知道她的內心已經擺脫心魔，也撕下了她為自己貼上的標籤。

我認為外在形體的不完整，可以透過對的方法得到改善，並獲得大幅度的調整，而被貼上的身體標籤，更是需要深層地經由梳理才能擺脫。無論是先天或後天因素，其所造成女性對自身腿部及形體的不自信，我期望未來當機會來臨，可以透過我的專業，幫助她們找到快樂、健康和自信的嶄新人生。

我希望透過我的教學經驗及學員故事讓各位姊妹們知道，

一定要善待自己的腿部，即便受過傷，或者先天條件不完美，妳還是要盡量讓自己的雙腿，維持在自己可以負荷的狀態，並讓重心保持平衡，好好調整與修復。「人老腿先老，樹老根先衰」，鍛鍊好自己的腿，讓它有力量，才能讓我們的人生走得更長遠、更美好。

14-5
不會穿高跟鞋的女人，人生路走得不完美

國際巨星瑪丹娜曾發表過這樣的獨立宣言：「給我一雙高跟鞋，我能征服全世界。」高跟鞋，不僅是一種服飾，更有自己的靈魂、語言和文化，它體現著女人的追求、內涵與品味。

高跟鞋如同每個灰姑娘的水晶鞋，擁有無限的魔力。穿上高跟鞋，感覺就像征服了全世界，試問：哪個女人的鞋櫃沒有幾雙美麗的高跟鞋？哪個女人不夢想多多擁有世界上最美麗的高跟鞋？

高跟鞋仿佛天生就是女人的專屬。高跟鞋的發明最初是為了避免泥濘濕腳，後來用於貴族男人增高，但都沒能被長期延續使用，最終人們發現只有女人的纖巧和靈動，才能配得上高跟鞋的高貴優雅。從此，高跟鞋得以長盛不衰，成為時裝界的寵兒。

女人一旦穿上高跟鞋，胸型會自然挺立，臀部弧度會更加緊翹，顯示出前凸後翹的曲線。穿著高跟鞋，女人走起路來，就會輕移蓮步、款款而行、姍姍迷人，呈現出我見猶憐的獨特

的女人味，讓人產生保護慾和佔有慾，男人想擁有她，而女人想成為她。

無論高矮胖瘦，無論長衣短褲，還是裙裝褲裝，只要搭配得當，穿上高跟鞋，立刻就會呈現出千般性感、萬種風情。

高跟鞋配合硬朗的職業裝，變成權力的象徵，呈現出一種英姿和霸氣。踩在高跟鞋上的女王，少了君臨天下讓人畏懼的彪悍，而多了一份令人擁護的巾幗豪氣。

高跟鞋會增加身高，為了比平時更加突出自我，就需要一種成熟坦然的氣場來烘托與駕馭，因此，高跟鞋還是女人成熟的象徵，可以讓我們在各種社交場合，輕鬆面對，從容周旋，魅力倍增。

高跟鞋是貴族的標誌，即便平凡的女子，穿上高跟鞋，也會陡增幾分貴族氣質與雍容華貴，給人耳目一新、超凡脫俗的感覺。

現代女子，風格多變，可以回歸山水間，素食簡衣；也可以縱情運動場，揮灑汗水。然而，終究要回歸都市，穿梭在文明的各個社交場合，因此，你可以不喜歡錦衣玉食，不喜歡高樓大廈，不喜歡燈紅酒綠，不喜歡觥籌交錯，但一定要懂得駕馭自己，需要展示的時候一鳴驚人，才是一種小隱於野、大隱

於市的境界。

可是，駕馭高跟鞋是一門高超的技術，駕馭不了高跟鞋的女人，每走一步都非常痛苦，走路歪歪扭扭、畏畏縮縮，不僅不會增添美麗，還會讓女人的美麗大打折扣，產生東施效顰的反作用。

作為社交場合必不可少的鞋類，高跟鞋在女人心目中佔據著特殊的地位。可是，也並不是所有人都能駕馭得住，要想將高跟鞋穿出優雅，就要注意以下幾方面：

一、最理想的鞋跟高度

不是所有的高跟鞋都能兼備舒適與優雅，挑選一雙合適自己的高跟鞋非常重要。要想既保持線條優美，又不至於腿腳痠痛，就得根據自己的身材比例來決定鞋跟高度。

按照幾何的黃金比例 0.618，腿長 ÷ 身高 =0.618，高跟鞋的計算也要以此為依據：鞋跟高度 = 頭頂到肚臍眼的高度 ÷（1-0.618）– 身高

舉個例子：

你身高 165cm，從頭頂到肚臍眼高是 65cm，那麼最佳身高就應該是：65÷（1-0.618）＝ 170cm。因此，理想的鞋跟高度

就應為：170-165=5cm。

這種高度，既能拉長身體的比例，使人的脊背和全身得到舒展，也能保證行走的自如，不會感到不適。

二、不同場合下的鞋跟高度

雖然每個人都想穿得舒服，但也不是隨時都能找到最適合自己的鞋款，多數時候都是場合決定著鞋跟的高度。

1.2 至 3cm。這種高度屬於低跟甚至接近平底鞋，屬於比較舒適的高度，最受日常活動歡迎。這種高度的鞋子可以選擇的坐姿有很多，例如，腳踝交叉向前放，腳尖方向一致，或僅將雙腳併攏。為了使腿部更加修長，可以將雙腳適當往前放一點。

2.4 至 7cm。這種高度屬於中等高度，最顯氣質，是名媛淑女的寵兒。這個高度既可以修飾腿型，又不會過於性感，無論是日常，還是活動，亦或是會議，這個高度都是百搭款。不過，長時間站立和走動會有一些腿痠。這個高度的坐姿，小腿肚要交叉就坐，以便隱藏腿肚，讓它看起來不那麼粗壯；置於前排的腿可以保持豎直，後面的腿則要稍微歪一點，雙膝儘量併攏。

3.8 至 10cm。這個高度的高跟鞋尤能能突顯女人的魅力，但實際上平時不僅走路比較費力，不能做太大的動作，看著也

不夠日常，所以要謹慎選擇。建議的坐姿是，身體以 60°角向左 / 右傾斜，斜對對方，並在膝蓋處翹起腿，將後側的腿放到前側腿上，避免看上去太過粗壯。需要注意的是，依然是雙腿併攏，腳適當前伸，腳尖同向朝前。

　　4.≥11cm。這種高度適用於走秀或表演場合用，顯得性感纖細，平時工作不要選擇這個高度。

三、其他注意事項

1. 高跟鞋的材質，選擇皮質，會更加舒適，看起來也更上檔次。

2. 閉口鞋可以搭配褲襪，但不要露趾。穿露趾鞋時，應提前修腳，可以做美甲。

3. 走路時，要腳跟先落地，接著前腳掌以及腳尖再落地。要優雅地邁小步伐，不要屈膝。穿上美麗性感的高跟鞋，走出優雅迷人的步態，是每個女人的夢想。然而，在我的教室內，它不會只是一個夢想，而是一件簡單的事。透過學習，可以實際讓我們在日常生活中，每一步都走得像國際名模、好萊塢明星。

　　走路時的姿態，特別能顯示一個女人的優雅和自信，更能從中感受到一個女人的強大氣場。我幫助了許多從未接受過任

何訓練的女性素人，在短短的時間內，讓每一位學員，站上自己夢寐以求的舞台，完成國際名模般的走秀。

　　走路是有方法和技巧的，重要的就是形體要端正，當你學習過優雅步態，妳會深深愛上自己所踏出的每一步。我認為無論是站、坐、行走，一定要讓我們的形體和肢體受到教育，讓我們在跨出步伐的過程中，體現儀態萬千、氣宇不凡的風采，走出王妃的風範。

下篇
氣質修煉

> 一個女人，如何幸福度過自己的一生？這是每個女人都會思考的命題。
>
> 生在一個女漢子遍地叢生的年代，每個女人都面臨著諸多課題，想在事業上有自己的成就，需要在職場裏付出加倍的努力。想成為優質人生伴侶，需要練就上得廳堂下得廚房，精神同步共同成長的本領。想成為一個好媽媽，需要有一顆強大的心，還要有滿滿的愛。
>
> 在漸行漸遠的人生道路上，親愛的你不要忘記出發的初衷，愛自己才是終生浪漫的開始。請相信，越努力，越幸運！沒有哪個女人不想成為優雅的女人，只是許多人又常苦於找不到優雅的秘訣。從形到心進行完整融合，經過由內而外的全面滋養，就能喚醒你的女性天性，從體態、儀態、神態、語態、氣態、情態、心態、生命狀態等大八度打造專屬於你的優雅。

Chapter 15

身姿修煉

立身端正，方能舉止優雅；心生歡喜，方能容顏動人。

15-1

 女人的氣質從優美形體開始

為什麼很多人會容易身材發胖變形？除了吃喝沒有節制，80% 以上都是不良體態導致的，比如，站沒站相、坐沒坐相、扣肩駝背、塌腰挺肚？通常，牆壁光滑的牆面是不容易掩藏灰塵的，只有角落才容易藏灰塵，所以當你扣肩駝背、塌腰挺肚的時候，就給多餘的脂肪提供了堆積的土壤，從而導致身材的變形，而身材的變形會讓你至少看上去顯老 5 至 10 歲，所以擁有優美的形體很重要！

人生就是一個大舞臺，也是一個過程。在短暫的一生中，陪伴我們的是一副身體和一顆心靈，與其扣肩駝背，不如挺拔身姿；與其塌腰挺肚，不如氣質優雅；與其面目猙獰，不如容

顏動人；與其心胸狹隘，不如柔軟豁達。那麼，你選擇什麼樣的自己呢？

沒有人能將我們變得越來越好，時間只是陪襯，支撐我們變得越來越好的是不斷的精進、學習、練習和運用，以及在生活中的不斷反思、分享和修正，沒有一種堅持會被辜負，請相信：你的堅持終將美好。

以健康的形體和優雅的儀態來塑造女人的整體氣質，能夠提煉女人的內在修養，培養女人身體的韻律，修塑形體，修煉心智，做一個優雅明媚的女子。關注身體姿勢，就能變得氣質迷人。

站著時，單腿站立，靠牆站，雙腳交叉，低頭弓腰玩手機；坐著時，沙發上的馬鈴薯、翹二郎腿、手肘支撐桌子、聳肩等，各種不良的生活姿勢，讓我們的身體出現了各種疼痛。脊椎已經歪曲、骨盆已經傾斜，形體修塑的主要目的就是要讓大家認識到身體的大結構，在生活中，如何正確地使用自己的身體，遠離扣肩駝背、虎背熊腰等現象。

當然，在遠離含胸駝背、X 型腿、O 型腿、避免脊柱側彎、身正之後，要想提高效果，還要做形體梳理或是訓練。

形體修塑與運動並不矛盾，要想長期擁有健康的身體，完

全可以先端正身形再配合運動，然後在生活中保持良好的姿勢。同樣，如果身體是歪的，脊柱嚴重側彎，跳的舞蹈也不會優美。然而，只要每天花點時間來練習，就能擁有美好的氣質。其次，形體訓練與梳理結合了運動、舞蹈和健身操等，對各部位的修塑都更有針對性。

結合椎骨神經醫學，徒手塑形，修塑方法也很簡單實用，可以快速地擺脫拜拜袖、大象腿，能夠修塑雙下巴，能夠校正駝背、O型腿等。

人的身體與心理狀態是相關聯的，身體極其僵硬的人，多半也非常固執且脆弱，所以，調整心態對於形體的修塑、生活幸福感，都非常重要。進行再多的提臀訓練，沒有良好的生活姿勢，恐怕也是徒勞無功。所以，要把生活的各個場景當成是健身房，只要正確使用自己的身體，保持正確的姿勢，再加上一些形體修塑練習，久而久之，身體的形體曲線就會恢復，身體也會更健康、更有活力。

心靈和身體會伴隨女人的一生，所以，要以健康的形體和優雅的儀態來塑造女人的整體氣質，修煉女人的內在修養，培養女人的身體韻律，修塑形體，修煉心智，做一個優雅明媚的女人。

一、何謂身姿修煉

形體的改變，不只是身材，更是健康；收起的不只是肚子，而是自信；纖細的不只是腰，而是靈魂。形體訓練是優美、高雅的健身專案，主要是透過舞蹈基礎練習，結合芭蕾舞、健身瑜珈等進行綜合訓練，達到塑造優美體態、培養高雅氣質、糾正生活不正確的姿態的目的。

形體訓練來源於西方的傳統文化，帶有濃重的芭蕾傳統文化藝術表演性，有著極強的藝術性，深深吸引著廣大藝術愛好者，具有強大的感染力和生命力。

成語「手舞足蹈」告訴我們，人在高興和激動時就會情不自禁地手舞足蹈。人類學家在研究中發現：在語言表達能力落後時，人類就已經開始用表情和手勢來表達感情，最早的「語言」是用四肢和軀體做出來的動態語言。如古人說：「窈窕淑女，君子好逑」、「形體不蔽，精神不散，亦可以百數」，可見，從古代開始就有了「形體」一詞，當今社會與形體更是密不可分。

形體訓練是一個外來語，還未見到權威定義。狹義的定義為形體美訓練；廣義認為只要是有形體動作的訓練就可以叫做形體訓練。花費大量時間、金錢和體力進行訓練，不僅是為了

活動一下身體，最終目的是塑造體態美。

二、身姿修煉的內容

每個光鮮亮麗背後都是經過淚水與汗水交換而來的優雅氣質，不在胖瘦，不在顏值，而在體態中。體態好了，同樣的尺寸，觀感卻會完全不同！所以，不用糾結於你的尺寸和體重！

身姿修煉主要練習人的基本姿勢，即訓練正確的立、坐、走、蹲；氣息在形體訓練中的運用及頭面部的形態和表現，即人的聲、容、笑、形、貌、韻。

基本站姿正確與否，直接影響人各種運動行為之美。日常生活中，忽視了形體訓練的重要性，就會出現身體弓背含胸、端肩縮脖、腿彎曲等不健康體態；結合實際有針對性的練習形體，就會練出一個健美的形體姿態。

氣息在形體訓練中有關鍵的作用，柔韌性練習、各種舞蹈都要充分運用氣息。在柔韌性練習、各種舞蹈中充分運用氣息，才能提高柔韌性，才能在各種舞蹈動作中游刃有餘。

另外，頭面部形態是表達人類豐富情感的重要方式，說話聲音適中、面容友善、微笑待人、外貌端正等都是一個人好形態的具體體現。透過形體訓練，就能做出正確的姿勢與表現，

充實頭面部姿勢和神態之美。

形體訓練的動作，是對身體柔韌、力量、重心、美感的訓練，主要以腰和腿的基本功訓練為主。腿的訓練包括：胯的開度、腿的力量、膝的直立、腳踝關節的柔韌靈活和腳背的勾繃。在長期訓練下，提高穩定性、協調性和靈活性。

人的形象美需要外在和內在的統一美，形體儀態訓練課程中的形體訓練，不僅利用了芭蕾、舞蹈、瑜珈、健身等動作，訓練了人體的優雅姿態，也傳播了高雅的藝術精髓，統一了人的精神美和形體美，提高了練習者的內涵修養和高雅的氣質、風度。

三、身姿修煉的作用

1. **改善神經系統和大腦功能**。形體訓練，是外環境對肌體的一種刺激，具有連續、協調、速度、力量等特點，能夠使肌體處於一種運動狀態。在這種狀態下，中樞神經會隨時動員各器官及系統去協調、配合肌體的工作。另外，形體訓練要求做動作要迅速、準確，要在大腦的指揮下完成。大腦是中樞神經的高級部位，形體訓練時，腦和脊髓及周圍神經要建立迅速、準確的應答式反應，而腦又要隨時糾正錯誤動作，儲

存精細動作的資訊，經過不斷的刺激，就能提高人的理解和記憶能力，使大腦變得更加聰明。所以，經常參加形體訓練，就能加強肌體神經系統和大腦的工作能力，提高神經活動，使之更加健康和聰明。

2. **提高心血管系統的功能。**心血管系統由心臟與各類血管組成，是一個以心臟為動力的閉鎖管道系統，即血液循環系統。形體訓練由運動系統和肌肉運動共同完成。其中，運動系統工作時不僅要消耗大量的氧氣和養份，還要排泄大量廢物，消耗時要不斷地補充供給大量的新鮮氧氣和養份。這種繁重的任務只能依靠體內閉鎖管道系統─心血管（循環）系統來完成。

強烈的肌肉運動時，可以達到安靜時的 5 至 7 倍，使心肌處於激烈收縮的狀態。經常刺激會使心肌纖維增粗，心房、心室壁增厚，心臟體積增大，血容量增多，從而增加心臟的力量。隨著心肌力量的增加，每次搏射出的血量也會增多，心跳的次數相應減少，在平時較為安靜的狀態下，心臟就能得到較長時間的休息，從而減輕心臟的工作負擔，讓心臟青春永駐。

3. **矯正形體，提高魅力。**每個人的形體都有自己的獨特魅力，怎樣發掘形體獨特的長處、彌補短處呢？為什麼市面上琳琅

滿目的訓練班和傳統的訓練方法，比如：健身操、瑜珈、器械訓練等，卻不能真正改變形體的缺陷呢？甚至無法真正改變臀部下垂、身體贅肉鬆弛、粗腰、曲線三圍不玲瓏等問題。如何才能改變骨感美人腰圍不凹，凸顯不出「S」型的問題？

其實，多數人從一生下來都不可能完全符合模特兒的標準，例如：粗腰。為了消除這個問題，有些女人就會進行減肥，即使有效，腰部線條的比例依然不會改變。因為減肥並不能去掉缺陷部位的份量，只能隨著身體其他熱量一起消耗。

市面上的各種減肥方法和減肥手段，也存在一定的弊病，並不能完全對形體進行整形矯正，比如：健身操，可能會燃燒脂肪和減肥，但針對身材不滿意的局部改善起不到好效果；而且，單一的跳躍，爆發力強，有時還會形成大肌肉塊失去女人的纖細長線條美。各式各樣的減肥方法或許可以瘦下來，但是卻無法調整或改善形體，形體訓練或許體重並沒有減少，但是卻可以讓你的身形小一個尺碼，最重要是氣質的體現與修煉。

一個人的優雅舉止和體態，能提升更多的好感度，臉和氣質都好，才讓人心曠神怡。如果說服飾能夠幫你的身材揚長避短，那體態就能讓你的整體形象都變得更有氣質、更優雅。

15-2
❧ 女人身姿修煉 ❧

·【站姿】站姿為儀態姿首。

　　站姿，是一切儀態之首。肢體語言可以影響情緒，扣肩駝背鬆垮讓人感到沒自信，消極頹廢，甚至沒有教養。肢體語言可以創造情緒，輕盈挺拔向上，會讓人感到自信、積極、優雅、有魅力。

　　「站」是除了「坐」以外，最常保持的姿態。一個人「站姿」好不好，能夠直接影響她的整體形象氣質。不良的站姿除了會影響形象外，一旦養成習慣而不加以糾正，還會誘發嚴重的結構性問題。

　　放下對減重或力量的追求，從身形的美感開始，我們來看個例子：不老女神趙雅芝，跟 20 歲左右的年輕超模站在一起，她卻顯得氣質雍容，體態更勝。

　　女星趙雅芝已經是 63 歲了，卻能將東方女人的韻味展現得淋漓盡致。挺拔的站姿讓她在鏡頭中隨時都充滿了一種向上的勢頭，更顯得高挑優雅。

　　其實，趙雅芝多年來之所以能夠保持優雅迷人的氣質，與她不鬆懈的體態是離不開的。抬頭、挺胸、收腹，背部略微夾緊，將肩膀打開，讓她看起來仍然神采飛揚、充滿自信。

一、女士站姿小知識

1. 場合腳位禁忌。（1）分腿直立。（2）內八字形。

2. 手位高低使用。雙手虎口相對，手肘微微向後，放置到肚臍眼下一指的位置，為平常工作交流手位。具體方法如下：（1）雙手虎口相對，手肘微微向後，放置對肚臍眼的位置，這種手位適用於舞臺、講臺、大合影、半人影相中。（2）雙手虎口相對，手肘橫擺放，放置肚臍眼的位置，這種手位適用於禮儀禮賓。

3. 手位禁忌。（1）雙手抱頭。（2）抓耳撓腮，挖鼻。（3）接待客人或與人交談時，將雙手交叉抱於胸前；如果對方身材較低，尤其不能使用這種手位，否則容易使人產生距離感覺。（4）接待客人或與人交談時，雙手叉腰，容易給人以盛氣凌人之感。

二、站姿小祕密

1. 站立時，喜歡將雙手插入褲袋的人。一般都城府較深，不會輕易向別人表露內心的情緒，性格偏於保守、內向，凡事步步為營，警覺性極強，不肯輕信別人。

2. 站立時，喜歡一隻手插入褲袋，另一隻手放在身旁的人。一般都性格多變，有時極易與人相處，會跟人推心置腹；有時冷若冰霜，對人處處提防，會為自己築起一道防護網。

3. 站立時，不能靜立，不斷改變姿勢的人。一般都性格急躁，身心常處於緊張狀態，會不斷改變自己的思想觀念，喜歡接受新的挑戰，是一個典型的行動主義者。

三、練習標準站姿

首先，從腳部開始大拇趾併攏，腳後跟併攏，小腿肚併攏，膝關節併攏，大腿內側大腿根部併攏，用手摸一下大腿與臀部的交界處是緊實的感覺，再檢查骨盆有沒有擺正，用兩手手掌根部放在胯骨前方的最高點，兩個大拇指和其餘兩手四指合在一起呈倒三角形，此時三角形垂直於地面，身體前側最高點是胸部而不是肚子，骨盆才是正位。

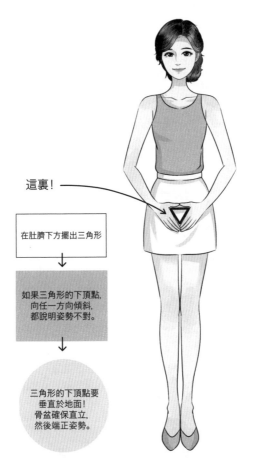

這裏！

在肚臍下方擺出三角形

↓

如果三角形的下頂點，
向任一方向傾斜，
都說明姿勢不對。

↓

三角形的下頂點要
垂直於地面！
骨盆確保直立，
然後端正姿勢。

接著，繼續向身體上方走，縱向拉長，橫向舒展，頭頂無限延伸，用百會穴（用兩手大拇指按在耳朵上方，兩根中指交匯的位置就是百會穴）去找天花板，感覺有根繩子從天花板吊著頭部的感覺，縱向拉長時候脊柱從背後看是一條直線。

標準的站姿

(1) 頭正，雙目平視，嘴角微閉，
 　　下頜微收，面容平和自然的站姿禮儀。

(2) 雙肩放鬆，稍向下沈，人有向上的感覺。

(3) 軀幹挺直，挺胸，收腹，立腰。

(4) 雙臂自然下垂於身體兩側，
 　　中指貼攏褲縫，兩手自然放鬆。

(5) 雙腿立直、併，腳跟相靠，
 　　兩腳尖攏，身體重心落於兩腳正中。

‧【坐姿】坐姿更能體現一個人的素質

　　不良坐姿通常表現有：常低頭看手機（手機脖）；探頭；
聳肩；含胸；馬鈴薯躺；雙膝敞開；肚子大腿全身鬆散。你中
了幾點？不良的坐姿，不僅會帶給別人造成不好的印象和觀感，

還會影響氣質。此外，不良坐姿還會給身體帶來眾多傷害。

　　長久坐姿不正確，容易造成頸項肌疲勞，引起頸肩痛、頸部肌肉痙攣，甚至出現頭暈目眩；久而久之，就會出現頸椎間盤退變，導致頸椎病；頸、背部持續的負荷，使背部肌肉、韌帶長時間受到過度牽拉而受損，引發特發性腰痛；壓迫尾骨神經，傷害尾骨，引起尾骨疼痛症狀等。

　　還會導致身材變形，例如，胸部下垂、富貴包、探頭、駝背、手臂粗、小腹突出、屁股下垂等。因此，坐著的時候，不要駝背，要讓脖子平行螢幕，不要前傾，隔一段時間要站起來伸伸懶腰，拉拉臂膀。

　　女士要想具有優雅迷人的坐姿，關鍵是要讓雙腳、雙膝、雙手、胸部和下頜等 5 個部位都處於最佳位置（圖）。坐下那一刻，讓自己產生一種與眾不同的感覺。很多女人在坐下去的時候，會拖凳子發出聲響，然後劈哩啪啦地坐下去。這種坐法是錯的。正確的坐法應該是：先退到後面輕輕碰一下凳子，然後優雅從容地坐下去。

駝背・手機脖小姐

1、常低頭看手機
　　（手機脖）

2、探頭

3、聳肩

4、含胸

敞膝蓋

膝蓋一放鬆，肚子和大腿
內側都會鬆懈，給人疲勞
沒幹勁的印象！

5、馬鈴薯躺

6、雙膝敞開

7、肚子大腿全身鬆散

基本坐姿

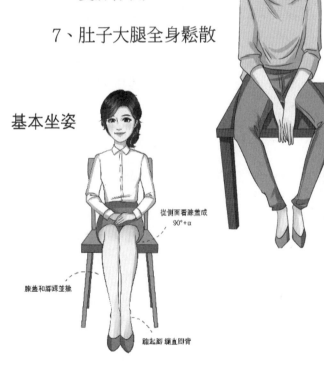

從側面看膝蓋成
90°＋α

膝蓋和腳踝並攏

踮起腳 繃直腳背

錯誤：坐下去和站起來時，彎腰駝背。

正確：坐下和起來時，腰背挺直。

關鍵點：腿部用力。

練習：上身保持挺直，練習半蹲，將力量輸送到雙腳。

一、入座、離座要領，坐姿訓練

具體方法如下：

1. 從椅子後面入座。如果椅子左右兩側都空著，應從左側走到椅前。

2. 在離椅前半步遠的位置立定，右腳輕向後撤半步，用小腿靠椅，以確定位置；伸出右手手背扶裙扶衣入座。如果穿著低領服裝，必須單手遮擋胸口，以示尊重環境。

3. 女人著裙裝入座時，應該將雙腿交叉掩膝入座，以顯得嫻雅端莊。

4. 坐下時，身體重心徐徐垂直落下，臀部接觸椅面要輕，避免發出聲響。

5. 坐下之後，雙腳並齊，雙腿併攏。

6. 起身時，右腳可以向後撤一小步，右手同樣扶裙扶衣，輕盈

起身，然後從左側離開。

二、坐姿小秘密

要點如下：

1. 坐下時，身體略微傾向交談對象，並伴隨微笑、注視，展現出熱情和興趣。

2. 坐下時，微微欠身：謙恭有禮。

3. 坐下時，身體後仰：若無其事與輕慢。

4. 坐下時，側轉身：厭惡與輕蔑。

5. 雙方交談時，端坐並微向前傾，使人有認真傾聽的感覺。

•【走姿】女人如風，邁出輕盈步態

決定你是否年輕的不是你的年齡，而是你呈現的生命狀態，沒有來不及，當你開始下決定的那一刻就是最好的時刻。即使一個女人相貌平平，如果走起路來很有風度和氣質，也會是人群中一道靚麗的風景線，凸顯女性的性感和迷人。

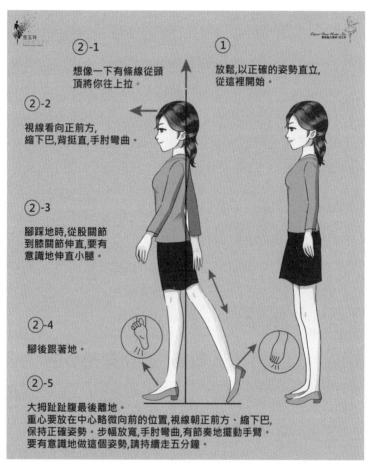

②-1

想像一下有條線從頭頂將你往上拉。

①

放鬆,以正確的姿勢直立,從這裡開始。

②-2

視線看向正前方,縮下巴,背挺直,手肘彎曲。

②-3

腳踩地時,從股關節到膝關節伸直,要有意識地伸直小腿。

②-4

腳後跟著地。

②-5

大拇趾趾腹最後離地。
重心要放在中心略微向前的位置,視線朝正前方、縮下巴,保持正確姿勢。步幅放寬,手肘彎曲,有節奏地擺動手臂。
要有意識地做這個姿勢,請持續走五分鐘。

　　做一個有魅力的女人,最直接的表現形式之一,就是步態美。科學證明,保持抬頭挺胸、手肘稍曲的走路姿態,不僅姿勢美觀,還能使身體大部分肌肉群參與運動,促進血液循環。

一、走路注意事項

1. 邁出一條腿的時候重心在前。

2. 走一條線的標準：膝蓋之間相互摩擦，中間沒有縫隙，從正前方只能看到一條腿的膝蓋：膝蓋儘量伸直，只有兩個膝蓋之間相互摩擦時才會有一條腿曲。

3. 腿直的標準：雙腿站立和行走時，單腿站立高度一致，身高不會發生變化，身體不會忽高忽低。

4. 做基礎步練習的時候，雙手儘量不要自然下垂，可雙手叉腰、或背在身後，或雙手高舉過頭頂合十。

5. 肩和手臂。記住形體「十字」的感覺，要想形體顯得修長，就要縱向拉長，橫向收緊。手肘緊貼身體時，手臂呈現「）（」的形狀，而不是「（）」的形狀。類似地鐵符號的那種優美弧線，會讓曲線有種優雅的感覺。

二、擺臂要點

1. 以肩關節為軸，兩臂自然伸直，前後交替擺動。

2. 後擺臂往後收，前擺臂要多外開。

3. 前擺臂時大小臂都不能用力，借助後擺臂自然向前彈動。

4. 前擺臂時不超過 45 度，後擺臂時不超過 45 度

5. 前擺臂時，大臂不高於胸

三、轉身要點

1. 轉身練習時要掌握重心。

2. 左轉以左腳為軸，重心落在左腿上。

3. 右轉身以右腳為軸，重心落在右腿上。

4. 白天的步態，腰胯不需要過多地擺動。

・【蹲姿】優雅蹲姿，做優雅女人

　　在日常生活中，將某些東西掉在地上時，一般都會彎腰或蹲下將其撿起。可是，在公共場合，遇到類似情況，就不能像普通人一樣隨意彎腰蹲下了。

一、基本蹲姿

下蹲拾物時，自然、得體、大方，不能遮掩。

下蹲時，兩腿合力支撐身體，以免滑倒。

下蹲時，使頭、胸、膝關節等處於同一個角度上，使蹲姿優美。

無論採用哪種蹲姿，都要將腿靠緊，臀部向下。

二、蹲姿的方式

概括起來，主要蹲姿有 2 種：

1. 高低式。所謂高低式就是，下蹲時要有「高」有「低」。動
   作要點為：左腳在前，右腳在後，左腳完全著地，小腿基本
   上垂直於地面，形成「高」的一端；右腳腳掌著地，腳跟提
   起，然後屈右膝，使其內側可以靠在左小腿內側，形成「低」
   的一端。在保持左膝高、右膝低姿態的同時，臀部要向下，
   上身微前傾，用右腿支撐身體，形成「高、低」姿態。

2. 交叉式。這種蹲姿最適合女人，不僅不難看，還會給人以優
   雅的感覺，特別適合穿短裙的女人。不過，這種姿勢雖然造
   型優美，但難度較大，要想做好，還要多練習。動作要點為：
   下蹲時，右腳在前，左腳在後，右小腿垂直於地面，右腳完
   全著地；右腿在上、左腿在下交叉重疊；左膝由後下方伸向
   右側，左腳腳跟抬起，並且腳掌著地；兩腿前後靠近，合力
   支撐身體，掌握好平衡。

二、下蹲時的禁忌

下蹲時，有些地方是需要注意的：

1. 速度不能過快。需要下蹲時，速度就不能太快。

2. 離人不能太近。要跟別人相隔一定的距離，以免發生碰撞，
   或發生其他誤會。

3. 方位不能偏頗。在他人身邊下蹲時，應選好下蹲的位置，如
   果距離很近，最好側身拾物。正面他人或背對他人下蹲，都
   是不禮貌的，還容易造成尷尬。

4. 不能毫無遮掩。身著裙裝的女士，在人多的地方，在下身很
   少遮掩的情況下，不能貿然下蹲。

5. 不能蹲在凳子或椅子上。這種下蹲的方法只適合在私人空間，
   公共場合要絕對避免。

15-3
女人如詩，彰顯生活優雅

女人一生都在經歷改變，有的變醜，有的變美。每個階段，跟以前比怎麼樣？她人的眼光、鏡子、照片，會告訴你真實的答案！健康、美麗、形體管理，任何年齡都不能放棄！

驀然回首，時光把你雕塑成什麼樣子了？而現在的時間正在創造著你未來的樣子。成為優雅的女人，不是一個遙遠的夢。

身為女人，我們不能只是徒然地懷著對美的渴望，更應讓自己成為美的演繹者。前者是我們的天性，而後者則是我們的天職。造物主創造每個女人時，都是按照女神的樣子進行的，每個女人都可以成為獨一無二的花。而如何讓自己從含苞欲放的青澀花蕾盛放為爭芳奪艷的花朵，再到「寧可抱香枝上老，不隨黃葉舞秋風」的優雅女人，是每個女人都不得不面對和終身學習的課題。

一、上下車儀態

上下車儀態：在上車、下車的時候，稍一不注意，女人就會失態，特別是穿裙子的女士。

1. 上車儀態：打開車門後，背對車內臀部先坐下，同時上身及頭部入內，然後再將併攏的雙腿移入車內。

【注意事項】將靠車門邊的腳慢慢踏至車子邊。此時，別忘了雙膝合攏，可以想像自己的膝蓋緊緊地粘在一起了。

2. 下車儀態：下車時正面朝車門，雙腳先著地，再將上體頭部伸出車外，同時起立出來。

【注意事項】

（1）將車門邊的腳輕移至地面，利用車門邊框輕微支撐整個身體，同時，裙子沒有皺褶或扭曲。如果穿著低胸上裝，可以嘗試整理一下頭髮，避免走光。

（2）將身體轉向車門，運用車門邊緣作為身體支撐，緩緩地將車內的手移向車門，並利用這股助力將身體提起，緩緩平順地流暢動作。

（3）借兩手的力量支撐身體優雅地離開車子。如果裙子有開衩，應將身體稍微前傾，讓裙擺自然垂下，避免不雅。

（4）輕動身體並優雅站直，同時將靠外側的腳輕輕地往前擺好姿勢。

二、包包的各種拿法

拿包時，要將雙肩打開，腰背挺直，不要扣肩駝背；手抬起顯得腿長，手放下顯腿短。

肩背包正面看：記住「十字」的感覺，人要修長，縱向要拉長，橫向要收緊。肘關節往後收，人顯得修長，肘關節外開，人橫向發展，顯得胖。

手挽包：手朝下，顯得成熟、高貴；手朝上，顯得俏皮可愛。

三、優雅的招手姿態

英女王每次出現的時候總是雍容華貴，儀態萬千，招手時肘關節一般都不會高過胸部，否則就會影響肩部線條。

揮手小秘密：四根手指頭要併攏不要張開，大姆指靠近中指，手臂向上前伸，不要伸得太低或過分彎曲（想像腋下夾住一個雞蛋的感覺，不要讓雞蛋碎掉或掉出來）。掌心向外，指尖朝上，單手臂向左右揮動，用雙手道別時兩手同時由外側向內側揮動，不要上下搖動或舉而不動。目光正視對方，不要東張西望或者目光遊移。

舞臺上揮手：注意身體的角度，手的位置不要遮住臉龐，

一定要留頭的感覺。

四、脫外套的方法

1. 一隻手轉到背後，把另一隻袖子往後扯。

2. 用已經脫掉的那隻手，把剩下的那隻袖子和已經脫掉的袖子一塊拿到身體面前，往下扯。用另一隻手拎著領口，防止被人看到衣裏，文雅地交疊好放在左手下臂。

五、穿外套的方法

1. 兩手拿著外套，把外套內側面向自已，然後先把一隻手伸進袖子。同時，另一隻手握著衣領往肩上拉。

2. 用穿好袖子的那只手拿著穿好的一側衣領，穿另一隻袖子。

六、開傘和收傘的細節

打開傘前，要確認一下周圍有沒有人。特別是一鍵打開的傘，傘尖對著其他人的臉打開，可能會發生嚴重的事故，所以要向著沒人的地方慢慢打開。收傘的時候也一樣，不要把傘側向有人的地方。

Chapter 16
心靈修煉

女人可以不漂亮，但一定要有愛心、慈悲心、感人之心、寬容之心、敬畏之心、抗挫之心和轉念之心。

16-1
仁愛之心：仁愛讓女人更有魅力

每個女人都想經營自己，只不過多數女人都讓這種經營體現在外表上，而顧及不到內涵，因而失去了生命中最重要的東西。因此，要學會與思想交朋友。只要擁有美麗的心靈和高尚的品德，心中藏有愛，才能將自己的剎那芳華變為一生一世的美麗。

充滿愛心的女人，必定都魅力無窮；這樣的女人也是美麗的、精緻的。愛心和魅力是緊密相連的，沒有愛心的女人即使外表光鮮亮麗，在人們心目中也是醜陋不堪的，充滿愛心、心

地善良是成為魅力女人的首要條件。

在很多女人的心中，戴安娜王妃是美麗的，她的這種美獨具魅力，不僅洋溢於外表，更源於內心的善良。戰爭過後的廢墟中，戴安娜王妃抱著被炸斷雙腿的小女孩，眼含熱淚；在貧窮的非洲大地，她親吻患有愛滋病的兒童，沒有一絲畏懼和恐慌……。

戴安娜之所以能征服全世界民眾，其秘訣就在於心中有大愛。

善良不是刻意為之，它是一件愉快並且自然而然的事，有的時候，善良就是為了心安理得。古人說：「愛出者愛返，福往者福來。」播種善良，造福人間，也就是為自己積德積福。用眼看世界，難免一葉障目；用心觀世界，萬物盡收於眼底；用一顆善良的心去觸摸世界，一切變得生機勃勃、光彩奪目。

生活五味雜陳，人生紛紛擾擾，一顆善良的心，必能將各種況味妥帖安放，把生活過成自己內心歡喜的模樣。

俗話說：「至善方能至美」。要想提升自己的氣質和魅力，女人首先就要擁有愛心。心中湧動愛的暖流，就能像甘泉一樣滋潤著他人的內心。女人要用女人的溫柔來關愛身邊的每一個人，把愛心送給周圍的親人朋友。

　　人生一世，不過短短幾十年，而女人的青春更是短暫，與其浪費大量時間在這轉瞬即逝的青春上，不如多做些有意義的事，為他人提供幫助，雖然只是舉手之勞，但對於急需幫助的人來講，也是莫大的關愛與滿足。

　　有愛心的女人，看到他人需要幫助，多半都會挺身而出。當今社會物慾橫流、節奏快速，仍然有許多需要幫助的人，要想當個氣質女人，就要主動加入志願者的行列。

　　只有有愛心的女人，才會在高貴中透著時尚典雅，低調中透著含蓄知性，優雅端莊不顯山不露水，輕盈款步間便能悸動人心，不經意間就溫潤了流年，驚豔了時光！

16-2
慈悲之心：懂得慈悲，
才是真正的成長

　　《大智度論》說：「慈悲是佛道之根本」。慈愛眾生並給予快樂，稱為慈；跟他們一起感受痛苦，憐憫眾生，並為他們消除痛苦，稱為悲。佛陀之悲乃是以眾生苦為己苦的同心同感狀態，故稱同體大悲。

　　在佛典中，有一個故事叫阿那律穿針。故事的大意是：阿那律是一位精進的修道者，他每天都認真誦讀經文，有時甚至還通宵達旦。這種勞作，最終傷害了他的眼睛，他的眼睛失明了。他有些傷心，卻精神依舊，學習反而更勤奮了。

　　有一天，他發現自己的衣服出現了一個洞，便自己動手縫補，結果線脫了，但他卻沒有看到，樣子十分狼狽。

　　佛陀知道阿那律的困難，來到他的住所，默默地替他取線穿針。阿那律感覺到身邊有人，問說：「你是誰？為何要替我穿針。」佛陀串好針線，拿起衣服縫起來，說：「是佛陀為你穿針。」阿那律異常感動，情不自禁地流下淚來。

　　佛陀告訴弟子：「同情別人，幫助別人，是我們應有的責

任。」佛陀以身作則，給弟子們樹立了一個好榜樣。弟子們知道後，都非常感動，互相勉勵，互相幫助，為大眾服務。助人為樂，是佛弟子最起碼的行為準則，也是氣質女人的優良傳統之一。

女人的同情心比男人來得容易的多，但女人的同情心卻能讓這個世界更加溫情、人性化。同情心屬於陰柔的東西，是女人的特長，只要仔細觀察，就能發現這樣一些規律：

女人喜歡收養流浪狗、流浪貓的數量遠高於男人。

女人幫助走失的小孩、流浪的人遠多於男人。

女人在家庭中，更細心地呵護自己的兒女。

女人在社會中，從事服務行業的人數遠多於男人。

富有慈悲心的女人都有顆善良的心，在與別人相處的過程中，總能以最大的善意去看待別人。看到別人遇到困難時，她們會伸出援手，無論對方是朋友還是敵人，是熟人還是陌生人，她們都會盡自己的棉薄之力，給別人送去善意和溫暖。

16-3

感恩之心：
⮿ 擁有一顆感恩之心，才能更幸福 ⮾

女人要想活得幸福，走得長遠，有一項能力必不可少，那就是感恩。人際關係學大師戴爾‧卡內基曾說過：「感恩是極有教養的產物，你不可能從一般人身上得到，因為忘記或不會感謝乃是人的天性。」所以，擅長感恩的女人，往往更受歡迎，也會得到很多人的支持。

網路上曾看到過一個故事。

女孩即將去外地上大學，特意過來買數位產品。相中了iPhone4、iPad3 和 Macbook 蘋果電腦的三項產品，還要求高配。銷售員給了報價，需要台幣 10 萬多元。母親覺得有些吃不消，不想買。看母親這樣，女孩就大喊一聲：「不給我買，就讓我到大學丟臉去吧。」說完便扔下母親，揚長而去。

這個女生可以說是現代女生的一個縮影。年輕人缺乏感恩父母的意識，漠視父母對自己的付出和關愛，不感激父母的養

育之恩；她們只知道向父母索取，不懂得關心，不會給父母體貼，更不會回報父母。

感恩能力之所以重要，這是因為感恩其實貫穿女人生命成長每個階段。

一、**感恩父母。**對待生命需要飲水思源，也是女人人性良知之本，他們構建生命的核心。懂得感恩父母的女人，才會真正懂得飲水思源。當我們從呱呱墜地起，父母便無私地哺育著我們。在成長的歲月裏，他們一直為我們揚帆護航，無論我們遭遇何種挫折、失敗，他們一直在我們身後，給予我們理解與支持；無論我們是貧窮還是富貴，他們都深深地愛著我們，並告訴我們，在他們眼裡我們是最棒的。

二、**感恩師長。**老師教我們做事，教我們做人，引導我們走好人生之路。當我們遇到挫折，老師幫我們撐起前進的風帆；當我們遇到困惑與迷茫時，老師為我們指點迷津；當我們因取得成績而驕傲時，老師的及時教導，讓我們清醒感恩。老師是我們成長道路上的引路人。好的老師有時就是我們生命中的貴人，給予我們成長的方向，告訴我們該如何取捨，給予我們最溫暖的支持。

三、**感恩朋友。**朋友就是我們生命中志同道合者，擁有志趣相

同的朋友，往往能讓我們有限的生命熠熠生輝。而朋友的言行也是你一面鏡子，可以暴露你的缺點。善待朋友，便是給自己架設一座通往未來的橋樑，同時也是為自己構築一個幸福的樓臺。缺乏真正的朋友是人生當中最悲哀的事情，沒有友誼，只能生活在沒有燈火的荒野裏。

　　人類的美是以愛來呈現的，而感恩之心則是人類心田中最美的種子。它發芽之後，開出愛之花，結出愛之果。從這個意義上講，懂得感恩的女人，一定在心中藏有大愛，並以此關照人、撫慰人、呵護人、愛護人，她們也會因此而走得更長遠。

16-4
❧ 寬容之心：做個寬容大器的女人 ❧

寬容，是一個女人需要具備的情商。看起來似乎便宜了別人，其實最大的受益者是女人自己。

兒子喬治被一群壞孩子害死，59歲的伊莉莎白一直懷恨在心，之後的許多年她一直活在仇恨裏。她恨那些孩子，恨所有的不良少年，她每天都被這種仇恨折磨著，覺得自己的生命完全沒有了意義。後來，在心理學家羅賓的幫助下，她不僅放下了仇恨，還以寬容的態度認領了兩個改過自新的失足少年。後來，伊莉莎白臨終前對羅賓說：「我已經沒有什麼遺憾了，因為我從來沒有如此的幸福過。」

這就是寬容的力量。寬容，在原諒別人的同時，其實也是在拯救自己。

寬容是一種修養，寬容是一種境界，寬容是一種美德。寬容，是對人、對事的包容和接納，是一種高貴的品質，更是精神的成熟、心靈的豐盈。

懷抱這份無上的福份，女人就會對別人釋懷，就能善待自己。這是一種生存的智慧，生活的藝術，是看透社會人生以後

所獲得的那份從容、自信和超然。

　　寬容的女人是美麗的，也才能得到別人的尊重。女人不是因為漂亮而耀眼，而是因為美麗而動人。漂亮與生俱來，但美麗就不同了，它是靠後天的修養得到的一種獨特氣質和涵養，而寬容就是一種高素質的修養。

　　寬容，能夠讓一個女人變得心胸開闊，能最大程度地減少不懷好意的刁難和傷害，能夠讓女人用平和的心態面對外界的狂風暴雨。女人，一定要學會寬容。因為只有寬容，才能讓你心態平和地面對生活中的瑣碎，才能讓你心無雜念的感受生活中的幸福。

一、**寬容別人的缺點**。每個人都有缺點，有時候別人犯錯，也不是自己可以左右的，寬容別人無心的過錯，自己就能慢慢地學會如何更好地去欣賞別人、發現別人的優點。你欣賞別人，別人也會慢慢學會用同樣的眼光去欣賞你。

二、**諒解別人**。人與人之間的交往，難免會產生一些矛盾，多給他人一些諒解，有利於矛盾的緩和與化解，還能為你贏得更多的認可。

三、**給別人改正的機會**。人都會有犯錯誤的時候，不要以別人的一次錯誤而看不起別人，寬容對方，對方才能有機會改

正。同時，面對自己，也要不斷發現並改正自己的錯誤，積極從錯誤當中吸取教訓，及時改正，不斷提高自己的思想境界。

四、**不過度追求完美**。生活中，不要過分地要求自己，不要苛求自己各方面都做到很出色，你只要在生活中努力完善自己，同時享受當下的生活，你就是最棒的。

五、**學會寬容自己**。對別人的寬容，能夠得到別人的理解、尊敬和認可。寬容自己，就能給自己更多完善自我與追求前進的動力和能量，讓自己的生活變得更幸福。

16-5
敬畏之心：心存敬畏，
 才能善始善終

敬畏是人生的大智慧，不僅是一種人生態度，也是一種行為準則。《菜根譚》裏亦說：「自天子以至於庶人，未有無所畏懼而不亡者也。上畏天，下畏民，畏言官於一時，畏史官於後世。」

女人，要有敬畏之心。大到敬畏天地，敬畏自然；小到敬畏一隻小狗。有了敬畏心，我們就不會過分隨意，不可過分信任自己，更不可過分放任自己；也不能滿眼的不在乎，謊言假話隨口而來。

敬畏天地，才能尊重自然規律，才能適應大自然的各種規律。敬畏一個行業，才能自覺遵從行業規則，不隨意破壞大家已經遵守慣了的規則，才不敢弄虛作假，不敢以次充好，不敢故弄玄虛，不敢胡說八道。敬畏自己從事的職業，才能兢兢業業，才能認真負責，才能一絲不苟，才能嚴以律己。

古人云：「畏則不敢肆而德以成，無畏則從其所欲而及於禍。」女人一旦缺少了敬畏之心，就會變得肆無忌憚、為所欲

為，想說什麼就說什麼，想幹什麼就幹什麼，想喝什麼就喝什麼，甚至無法無天，最終吞下自釀的苦果。

當今社會形勢錯綜複雜，面對紛繁世事，面對自己內心，女人只有心懷敬畏，才能有危機感，才能知方圓、守規矩，才能踏踏實實做事、乾乾淨淨做人，才能守住自己的內心道德底線。

一、**敬畏天**。「畏天命」三個字，包括了一切信仰，信上帝、主宰、佛等，都是「畏天命」。古代社會等級分明，這種畏，主要是統治階級用來維護社會穩定。現代人雖然破除了迷信，但依然要有所敬畏，「天地有定律，四季有成規，萬物有法則」，自然、真理、規律等就是女人需要敬畏的天命。

二、**敬畏大人**。這裏所說的大人並不是指官職有多高，而是對父母、長輩、有道德學問的人有所畏懼。一個女人再有魅力，也要敬畏自己的父母和上級，做起事情來要掂量再三，不要輕舉妄動。

一個人有所怕才有所成，女人無所怕，終將害了自己。女人只有心存敬畏，才能保持謹慎態度，才能有戒懼意念，也才能在變幻莫測的社會裏，不分心，不浮躁，不被私心

雜念所擾，不為個人名利所累，才能謙遜平和，保持內心的執著和清靜，恪守心靈的從容和淡定。

三、**敬畏聖人之言。**四書五經都是聖人之言，只有閱讀聖人之言，才能知古鑒今、心存敬畏。要想提高自己的氣質，女人也要對聖人之言心存敬畏。

16-6
抗挫之心：用不同的心態
面對困難、挫折和挑戰

努力是人生的一種精神狀態，往往最美的不是成功的那一刻，而是那段努力奮鬥的過程。願我們努力後的明天更精彩。

很多人都說：最好的競爭策略就是避免競爭。同樣，應對挫折的最好辦法就是用積極的心態，加上靈活的頭腦，避免挫折感的產生。魅力女人都會用不同的心態去面對困難、挫折和挑戰。

一、盯準目標。在一個山水旅遊節上，很多人都在觀看「高空表演王子」阿迪力的表演。表演在江面上進行，鋼絲繩橫貫在 1000 多公尺的江面上，風很大，鋼絲繩一直在搖晃。

一艘遊艇突然出現，撞上了一根固定鋼絲繩的拉線，鋼絲繩劇烈地擺動起來。觀眾都屏住呼吸，想像著接下來的悲劇。可是，這時候的阿迪力卻停止了動作，站在鋼絲繩上絲毫不動。三四分鐘後，鋼絲繩減緩了晃動，他又起步了。表演結束後，記者採訪阿迪力，問他面對突然事件，他當時是如何想的。

他說：「看目標，別看腳下。」只看到眼前的困難，自然會產生強烈的挫折感；而當你看到自己正在一步步向著目標邁進時，煩躁自然就會一掃而光呢。

二、**分解目標**。科學家經過精密的計算得出結論：為了達到理想的速度，火箭的重量至少要達到 100 萬噸。而如此笨重的龐然大物無論如何也是無法飛上天空的。因此，在很長一段時間裏，科學界都一致認定：火箭根本不可能被送上月球。

結果，有人提出了「分級火箭」的思想，問題終於豁然開朗。將火箭分成若干級，當第一級將其他級送出大氣層時，為了減輕重量，會自行脫落，火箭的其他部分就能輕鬆逼近月球了。分解目標的重要性由此可見一斑。

有遠大目標固然不會侷限於眼前的困難，但很多時候，女人之所以感到困難不可逾越、成功無法企及，正是因為覺得目標離自己太過遙遠而產生畏懼感。所以，要將目標分解開來，化整為零，變成一個個容易實現的小目標，然後各個擊破，避免產生苦求不得的挫折感。

三、**從容應對**。為了說明泰山的高大，很多人都會用「登泰山而小天下」這句古詩來印證。其實，登上泰山並不難，即

使是退休的老人都能登上去，相反倒是黃山的天都峰讓很多人望而卻步。因為很多人透過觀察發現，雖然泰山比較高，雖然泰山的石階比較陡，可是每隔一段，就會出現一塊比較寬的地方，可以讓登山者暫時休息緩衝；而黃山天都峰的險卻不是因為它高，而是因為中間缺少這種地方，人們無法休息。對於女人來說，從容如此重要。緊張當中要有節奏，忙碌當中要有休閒，工作壓力日益增大的職場麗人，必須學會自己調節工作的節奏，給自己適當的緩衝。

四、**不求完美。**有位漁夫從海裏撈到一顆晶瑩圓潤的大珍珠，愛不釋手，唯一的缺點是，珍珠上有個小黑點。漁夫覺得，只要將小黑點去掉，就能將珍珠變成無價之寶。漁夫剝掉一層，結果黑點還在；再剝掉一層，黑點還在⋯⋯剝到最後，黑點沒有了，珍珠也不復存在了。

其實，有黑點的珍珠不過是白璧微瑕，正是其渾然天成不著痕跡的可貴之處，美在自然，美在樸實，美得真切。而漁夫想得到美的極致，在他消除了所謂的不足時，美也消失了。美的真正價值往往不在於它的完整，而在於那一點點的殘缺。生活的目的在於發現美、創造美、享受美，而不該盯著不完美、苦苦折磨自己。所以，應對挫折最重要的方法是不去過分苛求完美，減少挫折感的產生。

五、學會放棄。 成功的秘訣是什麼？除了堅持，還有放棄。如果你確實很努力了，卻依然不成功，那就不是你努力不夠了，恐怕是努力方向或你的才能不匹配了。這時，最明智的選擇就是趕快放棄，及時調整，尋找新的努力方向。

每個人都有自己的最佳才能，這是上帝造人的傑作。要拿自己的長處和別人的短處競爭，打得過就打，打不過就跑。不是懦弱。打過了才知道自己的短處和長處，才知道自己是否是人家的對手，如果努力了還取勝無望，就要做戰略性撤退，不做無謂的犧牲，這是智者所為。

六、堅強以對。 世上的女人無非兩種：一種是幸福的，一種是堅強的！幸福的，被捧在手心裏，無需堅強；堅強的，被化在淚水和委屈裏，不得不堅強。這就是區別！

浮躁的世界需要沉默與淡定，更需要勇敢去面對！你是女人，可以不成功，但必須要成長，要做一個帶有正能量、臉上充滿自信的女人，能管理好時間、超級自律的女人，拋棄面子、能屈能伸的女人，耐得住寂寞、頂得住壓力的女人，不安於現狀、不斷努力的女人。

16-7
轉念之心：懂得轉變，
方能結出不同的果實

很多事情，站在不同的角度去看，便會有不同的結果。與其愁苦自怨，倒不如換個角度，轉換一下心情。

美國心理學家亞伯・艾里斯（Albert Ellis）提出「情緒困擾」的理論。 他認為，引起人們情緒結果的因素往往不是事件本身，而是個人對待事件的信念。例如，許多在現實中遭遇挫折的人，會覺得「自己倒楣」、「想不通」。這些其實只是個人主觀的片面認知，而正是這種認知才讓女人產生了情緒困擾。

事實上，女人的煩惱和不快往往同自己看問題的角度有關。能否戰勝挫折，關鍵在於理性對待事物，不被一時的失意與不快而左右，永遠懷著希望和信心。

任何事情都不是絕對的，就看你怎麼去對待。換個角度看問題，更容易豁然開朗、柳暗花明。生活中，很多女人都喜歡抱怨，但是必須要清楚地認識到，每個人都有不盡人意的地方，

亞伯・艾里斯（Albert Ellis, Ph.D）
美國心理學家，哥倫比亞大學臨床心理學博士。在 1955 年發展了理情行為治療法（Rational Emotive Behavior Therapy，REBT），常被譽為「心理學認知革命的創造者之一」，對現在流行的認知行為治療法首開先河，奠定基礎。（資料引自《讓自己快樂：【沒有放不下的情緒，只有不肯放下的你】理情行為治療之父亞伯・艾里斯經典著作，影響力超越佛洛伊德的心理學家》一書）

要跳出習慣的認知模式去看，這時候你可能就會發現，其實你自己什麼都不缺，應該心生感激和滿足。

正面樂觀的思想會帶來積極的結果，負面悲觀的思想會帶來消極的結果。身處困境時，換一種思維，換一個角度，選擇積極的人生態度，就容易衝破這張網。

生活的快樂與否，完全取決於女人對人、事、物的看法。諸事不順時，換一種角度，看看事物的光明面，也許一切都會迎刃而解。考試成績不理想時，不要氣餒、不要放棄，要多和自己的過去相比，看看自己的進步，堅定必勝的信心；和同伴吵架後，不要總想自己有理，要多從自己身上找不足；對於父母的「嘮叨」，不要反感和苦惱，要從無休止的「嘮叨」中看到他們無私的愛。

茫然無助，怨天尤人，多數都是因為只站在自己的角度去思考問題，以自己所處的社會地位、利害關係、思想意識等去看待周圍的世界。問題思考角度單一化，就只能認識到事物的單一層面；對事物認識的不全面，就會做出錯誤的決定。

換個角度看問題，是一種豁達，是一種睿智，更是一種樂趣。女人只有換個角度看風景，才能發現各個角度的風景之美，才能找到風景中的亮點。

　　每個人都擁有同樣的 24 小時，最後卻活成不同的模樣，努力活成自己想要的模樣，要允許自己，真實而鮮活地活著。你可以哭，可以笑，可以傷心，可以難過，可以有七情六欲，人生這麼短，要按照自己的意願過一生。如果可以，一定要為自己內心深處的聲音和感受而活，而不是為別人的眼光、嘴巴而活，要活成自己喜歡的樣子，而不是別人希望妳成為的樣子！

Chapter 17

靜心 冥想 修煉

　　靜心、觀察、呼吸和冥想的自我修煉的大法，身體力行，方可實現最佳的身體連結。

17-1
靜心：靜心也是一種冥想的自我療癒

　　總是得不到自己想要的安寧，長此以往，累的還是自己。那麼，該如何讓自己的心，安靜下來呢？

一、**進入冥想狀態。**工作累了、生活累了，可以讓自己的大腦放空。一動不動地坐著，讓大腦成一片空白，進入假睡狀態，讓自己的大腦瞬間關閉，任何東西都進不去、出不來，整個人成為石化狀態。這時，你的身體系統會自行進入暫停階段。

二、**畫幾張隨心畫。**煩躁不安的心做不出冷靜的事情，如果自

己感到不安，就強迫自己坐下來，拿出畫筆，找出畫本，隨心地畫幾幅畫，兒童畫、隨筆畫、漫畫、素描等都可以。這時候你就發現，煩躁的心會逐漸在塗塗畫畫中安穩，畫筆也會由狂亂轉而細膩。

三、**讓身體忙碌起來**。要讓自己的身體忙碌起來，不要複雜的過程，就要忙碌就行。洗衣服、拖地、清潔屋子，不要讓你的雙手閒下來，你就能在勞動中忘記思考，讓心思保持平靜。

四、**放飛心靈**。在雨夜無眠時，在雪舞之際，在風起時的剎那，在自己情緒不安躁動的時刻，安靜地讓自己坐下來，選一首旋律，飛揚在你的周圍，放飛心靈，找回丟失的自己。任何風格都行，只要你能聽進去，並坐下來就好。

五、**久視天空**。闖禍或受到委屈時，可以抬頭看看天邊變來變去的雲彩，自己就不會再感到害怕或委屈，慢慢地就會將疲憊與不安放下來。

17-2
 觀察：觀察身體與內在的連結能量

　　冥想，實施起來其實最簡單，可以在睡覺之前 5 分鐘，或起床後的 5 分鐘。在冥想中，只要輕輕閉上自己的眼睛，把身體放鬆下來即可。學會內觀，就能讓自己身體的每個部分慢慢地感受到放鬆。

　　在冥想的過程中，通過觀察自己的身體，就能讓自己喜歡上自己，這一瞬間大家也會處於一個放鬆狀態。既然能夠喜歡上自己、包容自己，也就能夠喜歡上別人和包容別人，內心世界一定是平和、平靜和親近的。

　　人生就是體驗。人生，不是為了獲得最後的成果或得到最終答案而存在的，而是一個體驗的過程。跟身體缺乏連結，對身體缺乏關注，不僅會缺失覺察、身體不敏感；對身體的漠視和過度使用累積到一定程度，身體就會以病痛來向我們抗議。

一、**找人對視**。在安靜的環境裏，穿著方便舒服的衣裳，跟家人、同事或朋友，面對面地打坐。肩膀下垂，胸膛舒展，挺立脊椎，脖頸梗直抵住下巴。呼吸自腹部始，到胸部時節奏緩慢，層次細緻。沉默時，互相對視臉孔，時間以 10 分鐘

為最佳，起碼要 5 分鐘以上。然後，互相注視左眼，時間越長，越有效果。兩人間隔一人距離，可以互相拉著手。此種狀態，是對自己的體驗。

二、**追回本質**。一個人詢問，一個人應答。問者鄭重地問對方：「你是什麼人？」回答的人說出此刻很自然的想到的話。詢問者再反復問：「你是什麼人？」應答者的回答可能每次都不一樣。經過 10 至 15 分鐘的回答，兩個人交換角色。

三、**自我反省**。睡覺之前，躺到床上，靜靜回憶一天中發生的事情。從現在向前回想，一直回想到當天早上，然後從第三者的角度來客觀看待它們。

四、**停下觀察**。將要開始做一件事或在做一件事的過程中，停下來，默默地觀察周圍，想一想，再繼續做。

五、**關注自己**。有意識地關注自己的思想和行為，看看自己想的什麼、做的什麼，要經常有意識地想一想，注視它。

六、**呼吸冥想**。確定一個安靜的場所，擺好打坐的姿態。最好該場所固定不變，室溫適中，肚子不餓不飽，服飾最舒適簡便。

七、**禁食一天**。在一個星期中，要拿出一天的時間，堅持不吃任何需要咀嚼的東西，只喝果汁和水，並盡可能地保持靜

默之態。

八、**集中注意**。吃飯的時候就是吃飯，學習的時候就是學習，開車的時候就是開車，一心一用，不要同時去完成兩件事情。

九、**釋放力量**。選擇安靜的時間釋放自己的力量，或躺或站，從哪兒開始都可以，慢慢地扭動身體，扭動脊椎。不管什麼樣的動作，都要專心致志地去做，漸漸地，動作就會變成舞蹈。身體自然搖擺，或激烈或緩慢，還可以顫抖、跺腳、蹦跳。持續一段自己覺得釋放的時間，然後收束，恢復原狀。

十、**愉快接受**。不論面對什麼，都要愉快地接受，或者做事情，或者娛樂，都要用正確的待人之道迎接。

17-3
∽ 呼吸＋冥想：氣質美女都是這樣練就的 ∽

　　優雅儀態，可以讓人從不健康體態到健康有氣質，讓人從沒有自信到有自信，讓人從封閉自己到內心打開，總有陽光和愛的心態，讓人從小女子變得落落大方、知性優雅，優雅的氣質美女都是這樣練出來的。

一、呼吸

　　透過一個人的呼吸，可以知道他的生命狀態。每天做幾分鐘呼吸放鬆，精神就會更加飽滿。

　　具體方法如下：找到自己喜歡的音樂，最好是慢節奏的，眼睛閉上先關注自己的呼吸，把呼吸變得很慢很慢，深深地慢慢吸氣；吸到頭之後，輕輕地放掉它，緩緩地吐出來。

　　在過程中，可能會跑出很多思緒和念頭，沒關係，發現腦袋偏離的時候，只要輕輕地放掉你的想法，把注意力再放到自己的呼吸上即可。這是陪伴自己的第一步，也是學習形體梳理、優美形體的第一步。每天花點時間陪伴自己，跟自己的呼吸待在一起，你的心就能靜下來，腦袋裏就會浮現一些東西。

剛開始的時候是雜念，但是當你的心真正安靜沉澱下來的時候，可能就你會聽到自己內在的聲音。如果平時噪音太大，他說的話你聽不進，也不想聽，當你沉澱下來、安靜下來的時候，就能聽到對方所說的話。他也許想跟你說：「親愛的，你很好，不用再那麼努力。」、「親愛的，我在這裏，你不要覺得孤單。」、「親愛的，你沒有錯，不要責備自己，不要責怪自己，做一個好人，足夠。」

只要花點時間靜靜地坐在這裡陪伴自己，你的生命品質就會有所不同。放鬆呼吸，學會呼吸，觀察呼吸，訓練梳理你的形體，觀察呼吸和形體訓練，就會發現，此時此刻，外面的世界沒有別人，只有你自己。

二、冥想

當今社會物欲橫流，要想保持內心的平靜，就要提升心靈的品質，而最簡單、最有效的方法就是冥想。冥想有很多好處，比如：能提升思維的品質，能提升注意力，能遮蔽干擾，能提升思維的靈活度等等。那麼，如何進行冥想呢？

1. 散步。實驗證明，戶外散步，創造性比在室內坐著提高60%。散步，不僅能活動肢體，增加給大腦的供血量，還能提

供大腦了一個恰到好處的「打擾」。你既可以不想工作上的事，也不用想別的大事，正好進入大腦休息模式。

2. **接近大自然**。大自然是城市的反義詞，花草樹木、山川河流都可以。身處城市，根本接觸不到大自然，也可以用大自然的圖片代替。研究發現，看 6 分鐘大自然圖片，能對大腦產生明顯的好作用。可以在牆上貼一張自然景觀的畫或照片，最簡單的方法就是，弄張照片做電腦桌面。

3. **跟朋友聚會**。朋友能給我們帶來連結感，知道自己不是孤獨的。平時，可以找要好的朋友聚聚，喝點小酒，聊聊天。

4. **休假**。休息，可以讓我們消除壓力。壓力越大，需要的休息時間就越長。最好的休假不是趕著假期跟全家一起去旅遊，而是根據自己的工作情況進行合宜性安排。好的休假就像充電，可以讓你後面很長一段時間保持充沛的精力。每週休息一天，對此後兩天都有好處。

17-4
身體連結：在靜心＋觀察＋呼吸＋冥想中掌握感受身體的秘密

保持與他人連結、互動和能量交換，肯定讚揚他人，選擇積極思想，每個女人都能像鑽石一樣閃耀自己。

一、與內在身體連結

開始的時候，可能需要閉上眼睛；當你能輕易、自然地進入體內時，就不需要再閉上眼睛了。

現在，請將注意力轉向自己的身體，從內在感受它：它是活生生的嗎？在你的雙手、雙臂、雙腿、雙腳以及腹部、胸部之中，是否有生命的存在？能否感受到那個遍佈全身、賦予每個細胞和器官活力的微妙能量？能否同時在身體的各個部位感受到它是一個單一的能量場？將你的注意力集中內在身體上，別去思考，只要感受即可。

這時候，你的注意力越集中，感覺就會越強烈、越清晰，越會覺得體內的每一個細胞都有活力。如果你的視覺觀想能力比較強，也許還能看到自己的身體變得透明光亮。雖然這種意

象會暫時地為你提供幫助，但你更要多去關注自己的感覺而不是這種意象。

二、深深地進入你的身體

試試下面這個冥想。不需要花很長的時間，5 至 10 分鐘足夠。

首先，確定不會有外界的干擾，比如電話或可能打擾你的人。坐在椅子上，但不要靠椅背，讓你的脊椎與地面保持垂直，有助於你保持警惕。此外，也可以選擇自己喜歡的其他姿勢來做冥想。確保身體的放鬆，閉上眼睛，深呼吸幾次。呼吸時，感受下腹部輕微的收縮與擴張。

然後，關注整個身體內的能量場。如此，就能從自己的思維中收回意識。當你能將內在身體作為清晰的單一能量場去感受時，就丟掉任何想像，並將注意力完全集中在自己的感受上。如果有可能，就停止任何有關身體的意象，所剩下的就是包容一切的臨在感和本體感，你也會感受到內在身體的無邊無界。

接著，將注意力更多投入到這種感覺上，並與其融為一體，與能量場融為一體。這時，內體和外體的區別也消失了，所謂的內在身體已經不存在，深深地進入你的身體，你就可超越自

己的身體了。只要覺得舒適，就儘量停留在這個純粹存在的領域內；然後，再次關注自己的身體、呼吸和身體感覺；睜開眼睛，以冥想的方式觀察周圍的環境。

當你的意識被導向外在時，思維和這個物質世界也就成了主導；當你的意識導向內在時，它就會感知到自己的源頭而回到未顯化狀態。當你的意識再度回到顯化的世界時，又重新開始了這種剛才被你暫時放棄的形式身份。在這裏，你有名字、過去、生活情境和未來。

在我的課程當中，我時常教導每一位女性要做靜心冥想，在過程當中，我們可以在不同的時間與空間，透過冥想、音樂、舞蹈以及肢體動作，快速地進入到淨化心靈的情境，釋放我們內心的憂鬱、焦慮、憤怒、悲傷、壓力等負面情緒，並喚醒內在的力量，包含愛、希望、支持與所有正向能量。

我自己也特別喜歡靜心冥想，有助於洗滌心靈，讓思想更清晰，注意力更集中，改善睡眠品質，更能擁有健康的身心靈。這也是我一直在教導現代女性，如何透過一場形體的療癒靈魂之旅，跟自己的身體與內心做連結，坦誠地面對自己，並慢慢呈現那個最真實的自己，隨著身體與內心的聲音，更加用「心」生活。

　　歡迎大家一起來感受靜心冥想所帶來的能量，這份能量，能夠滋養女人的生命，伴隨我們一生。

學員分享

1. 台南 音樂藝術家／林晃誼

　　玉玲院長的一言一行、一舉一動就像是一本最棒的教科書，是值得大家學習的典範。過去，想要學習這樣的優雅、自信與美麗，需要撥出許多空檔，事先安排好種種繁複的工作，安頓家人、孩子。有時候就算是人進了教室，心卻還在工作或家人身上。如今，有了這樣的出版品，它可以讓我們不再受到時間、空間或情緒因素的限制，能夠隨時隨地得到玉玲院長的引導。非常期待這本書的問世，將來它也會成為我書架上最醒目的一本藏書。

　　透過形體梳理，幫助我練習並且擁有良好的體態；透過神態學習，讓我更能掌握神情的表現，進而在適當的場合有更恰當的情感傳遞；透過步態學習，讓我改善了無法久站的問題，還能夠輕鬆駕馭高跟鞋，我愛上了自己如此風姿綽約、從容優雅的模樣。

　　認真細心的教學態度，謹慎多元的教學內容，玉玲院長深深令我敬佩。謝謝玉玲院長的帶領，您的教導，讓我更有自信，

對生活充滿期待,更勇於追求夢想。

這是一堂內外兼具的女人重建課程,幫助女人實現自我精進,幫助迷失的女人找回自己,變得比以前更好。

2. 高雄凱旋醫院 兒童青少年身心科主治醫生 ／ 李幸蓉

氣質與優雅是一個女人最佳的風采。

優雅儀態學習,讓我找到一個女人完美的體態與充分的自信,我活得更美麗、更優雅、更寬心。

過去的我,先天條件不足,並且受到成長背景的影響,讓我對自己喪失自信,也不再愛自己。是玉玲院長讓我明白,優雅的氣質與心態是可以靠後天學習而改變的,使我更懂得去愛人,也深刻感受到自己是被愛的。

推薦給每一位女性,惟有走進來,妳才會看見自己也能擁有驚豔的蛻變。

玉玲院長,台灣需要您,世界需要您,請持續傳播這份愛與優雅,加油!

未來的每一天,我都會持續學習,帶入生活,感動他人,一同成為更好的人。

3. 高雄 企業董事長／王麗珠

一位用心、用愛、努力、積極、專業、細心、耐心的身、心、靈導師，將畢生所學無私奉獻於台灣女性社會，讓傳統文化中的女人走出來、活出自我，更優雅更有魅力地活著。

形體梳理矯正了我長期的姿勢不良、筋骨痠痛，課程結束後，肩膀與背部肌肉不再痠麻，膝蓋舊傷所引發的疼痛也減緩許多，還意外瘦了 3 公斤。

優雅儀態讓我越來越愛自己，不斷地多方面學習，增強自己的正能量，一點一滴潛移默化地讓自己更快樂。

這套課程物超所值，終身受用！謝謝玉玲院長，台灣有您更美！

---

4. 桃園兒童儀態／幼教專家＿余靜文

女人都想要擁有美麗體態，卻忘了體態是皮、儀態是骨。有優雅的儀態才能成為經典中的經典。

曾經的我，在日復一日的消磨當中，失去了對生活的熱情，我放縱身心，卻越來越疲憊痛苦。富貴包造成了頭腦昏沉，骨盆歪斜造成了經痛，假胯寬造成了體態肥胖，使我失去自信，厭惡自己。

優雅儀態課程有效幫助了身心種種問題，不僅改善富貴包，骨盆正位，消除假胯寬，更讓我找回體態美、口語美、心靈美，我更勇於表達內心的想法，保持心靈正向思考，拋開不必要的焦慮。感謝玉玲院長將「美」重新注入我的生命。

教學課程架構清晰，能在短時間內學習到國際最新、最豐富的實用內容，惟有走進來，才會有收穫。

優雅儀態訓練是為了喚醒女性內心沉睡已久的美，這是一個重新愛上自己的學習。

5. 高雄 ／ 王莫

相信自己，人人都可以很耀眼，只要你有一個好的系統方法以及一個有國際視野的好老師。

走進課堂之前，我長年為自己不完美的外在感到自卑，眼無神、頭前傾、圓肩、腰痠背痛、水桶腰、骨盆前傾、O型腿，進入課程之後，不僅改善了我身上種種問題，更讓我的人生徹底翻轉！

從自我懷疑到自我肯定，優雅儀態課程對我影響至深。

我深信，學習就是做自己不喜歡和不想做的事情，才會成長與改變，讓自己變得更好，才是解決一切問題的關鍵。

這套課程就像健達出奇蛋一樣，帶著驚喜，多種願望一次滿足！透過系統化學習，人人都可以成為社會菁英，為來到你身邊的人事物創造價值！

謝謝玉玲院長無私的奉獻與教導，孕育一批又一批的社會菁英，提昇社會的競爭力，讓無數的女性擁有更美好、更健康、更自信的魅力人生。

6. 台中 全職媽媽 ／李佩螢

不論現在的妳，是輕熟或資深的女性，要學會重視自己，要學習做更好的自己，都是最重要的！透過學習優雅儀態，能讓自己活出自信。玉玲院長細膩的規劃，使精彩實用的課程集結成書，讓優雅儀態這個美好的態度，有跡可循。

在學習過程當中，不僅收穫正確的體態，活出健康舒適，更打造得體的儀態，展現優雅自信，我也學習到該如何好好照顧自己，更能把優美的形體融入生活中，時刻提醒自己、呵護自己，改善了長年以來腰痠的問題。

玉玲院長精心規劃的課程，緊湊、有趣、豐富、CP 值高，感謝您與團隊，推動並造就更多美好的人事物。

不同於美姿美儀，優雅需要由內而外，心態與儀態相輔相成，即是一個完美的女人。不同場合展現得體的言行舉止，課

程過後,更能胸有成竹,從容自在的應對。

7. 台北 金融高管／劉文雅

珍惜能相逢的貴人,讓生命璀璨生輝。

形體梳理改善了我長年以來的駝背問題,這套課程如同全身性的洗禮,不僅讓我收穫柔美儀態,專注於眼前事物,內心也更加成長茁壯。

光用眼睛看玉玲院長一眼,就值回票價了!

勇敢踏入這套課程,像我、像教室內每一位學員一樣,朝著優雅邁進,迎來發光發熱的人生。

8. 台北 全職媽媽／周琪芳

一個為所有女性姐妹們著想,比自己更愛護自己的女人。站在同為女人的角度與思維,專注於所有女性朋友,真真切切並優雅美麗地綻放光彩。

國際專業優雅儀態推手——范玉玲院長,不惜花上昂貴的金錢與寶貴的時間,更不吝於傾囊相授,把所有學習上可能遇到的挫敗,都已先自身克服並消化,再規劃出實用且顯著的方法,奉獻給優雅儀態課堂中每一位學員,真的是一位不藏私且認真的好老師。

透過形體梳理，不但使我的身型從厚片吐司變成現在的薄片吐司，更讓我因長年工作所累積下的病痛，如高低肩、骨盆前傾、膝蓋疼痛及不耐久站與久坐等問題，獲得了顯著的改善。我很感謝自己一次次的堅持，也很慶幸給了自己一個這麼好的學習機會。

美，並非只有外在的妝點及面貌，認真的女人很美，擁有良好體態與健康的女人更美。從玉玲院長身上，我轉換了自己的觀點，短期的改變已經令人驚喜，但持之以恆所帶來累積的變化，會讓自己驚豔並期待。

課程中的實務操作，讓我更認識了自己，讓內心深處的我更了解自己的渴望，那份渴望即是變得更好。並且也能更確切地表達自己內心的聲音，當一個人心靈孤寂與貧窮，是無法愛自己與他人的，感謝課程中所有姐妹們一同參與玉玲院長的啟發，讓我能夠成為心靈富有的人。

追求美麗，是女人一生的目標，我們可以透過一次有效的學習，將其受用一生。不但形體儀態有顯著的改善與進化，更能建構專屬於女性的柔商思維，這麼好的課程是所有女性一生都該學習與參與，不僅能讓已經過去的歲月轉換成今日豐富的養份，更能夠讓未來的自己擁有屬於個人獨特的優雅氣質。

　　玉玲院長，因為您的努力與堅持，讓所有女性朋友，有了對自己的期待，更因為您的愛，讓我更了解，一個沒有血緣關係，比自己更在乎自己的人，那種沒有攀比、沒有歧視的感受，是那麼的真切。能走向您並跟隨著您的堅持與腳步，是我這輩子最美好的遇見，謝謝您的付出與貢獻。

　　儀態訓練課程，並非只是紙上談兵，也非呼喊口號。一個有效的學習，如果不能持之以恆，那麼所耗費的時間與金錢，只會讓我們停在其中、重複循環。坊間很多學習的課程，如重量肌肉的訓練、大量燃燒脂肪的激烈舞蹈，或是針對體態雕塑的瑜伽課程，林林總總的選擇，如果受到了時間、空間、場域、年齡的限制，那麼這種效率不佳又勞心傷財的課程，並不是屬於這個世代裏需要的學習。

　　而國際儀態進階訓練課程，是我參與過眾多學習的課程中，最有效率也是最為我推薦的。因為一個不受時間、空間、場域、年齡的限制，只需要利用碎片化的時間，無論是在辦公室、家裏、等公車、搭捷運的時候，都能隨時隨地讓自己進入訓練的狀態，正因為能夠有效的利用時間，相對地在效果上也會更為顯著。因此我非常樂意推薦國際儀態進階訓練課程給所有女性朋友，也誠摯邀請所有正在接受儀態訓練的姐妹朋友們一同加入。

一個好的課程，能夠一次學習終身受用，不但可以讓自己的體態更好，也能夠進而影響身邊的人，讓所有人都更重視儀態訓練的重要性。

9. 台北微商創業家 ／ 陸萍

玉玲老師就像是會開光一樣，讓每一位走出教室的女人，都是點了光出去的。

我曾經是一名職業女軍人，退役之後，我始終跳脫不出職業套在我身上的框架。「陽剛、豪邁、男子漢」都是我一直想擺脫的形容詞。我的內心時常呐喊著：我想拋開軍人的包袱！我想改變人們對我的刻板印象！我想成為一名優雅的女性！

透過玉玲院長的優雅儀態課程，不僅身形曲線更明顯，也解決了長年的肩頸痠痛問題。我成功「化剛強為柔美」，開啟多維度思維，增添女性的力量與自信。

親身感受玉玲院長為課程設計的用心及魔力，真的是有系統、全方位，貫穿於身心靈，為我量身打造更細膩精緻的我，更發覺了不同層面、不同樣貌的我，讓我一點突破，全面提升。

玉玲院長在我眼裏就是一個全方位女神般的存在，她不但是首位把優雅儀態引進台灣的先驅，她在思維上也給予我們很多的觸動和啟發。

現代女性充斥著矛盾現象，她們渴望成為一名優秀女性，卻被現實生活侷限，我認為每一位女性都應該找回屬於自己的價值，並找回愛自己的動力。跳脫慣性思維，發覺自己所擁有的優勢，未來生活就會充滿期待！

感謝玉玲院長引進優雅儀態訓練，致力營造愛與優雅的環境、共榮共好的氛圍，期望未來有機會合作！

10. 新竹／陳蔚萱

優雅儀態是每個女性都該學習的，我全方位受益，強烈推薦你一定要來感受！

一路走來，我在工作上平穩度過，也曾感到疲乏，後來我在家當了 3 年的家庭主婦，與社會脫節太久，也慢慢失去了自信心和前進的動力。在人生這條道路上，我時常對自己、對生活存有疑慮。

所幸遇見了玉玲院長，不僅有效改善身心健康狀況，展現女人優美的線條，更提升自己的形象，重建自信！

種種改變令我感到神奇，原來，透過形體的訓練可以牽動女人內心的強大能量，並讓我們重新遇見更好的自己。

我從玉玲院長身上學習到：只要妳想要做一件事，就沒有

什麼是做不到的！玉玲院長不只傳授我們形體與儀態的專業，更用她的生命去影響每個走進教室的女性生命。這條路雖然很辛苦，但台灣女人很需要玉玲院長，很需要這樣的課程！玉玲院長加油！

11. 台中 養生會館董事 ／ 王立香

玉玲院長時刻帶著一股優雅的正能量，傳播愛、分享美給教室內每一個女人，讓我們充滿優雅氣質與自信魅力。

過去的我，由於生活壓力大，導致夜晚總有頻尿問題，睡眠品質不良，長期下來時常有日間嗜睡、情緒不穩、疲勞、注意力不集中等困擾。當一個女人連最基本的健康都沒有，何來美麗與優雅？

然而，透過玉玲院長的課程與教導，不僅有效改善夜晚頻尿，更幫助我提升睡眠品質，我才真正了解到形體梳理是女人最需要的保養之道，能夠陪伴我們一輩子。

「花若盛開，蝴蝶自來」非常感謝玉玲院長的教導，讓我重新審視自己，並將缺點轉換為優點，能夠更完善地做一個自信優雅的女人。如今，當我遇到任何挫折，都更能冷靜處事，並且內心也比以往更強大，勇於接受所有挑戰！

12. 台中網路演藝工作者／施嘉慧

　　玉玲院長的儀態課程與教導女性教育理念讓我重拾信心，喚起女性內心深處的優雅氣質，讓我的「愛自己」不再只是一個口號，而是可以根深蒂固在生活上，成為血液裏的一部分。

　　過去的我對於臃腫的身形很沒自信，並且還有聳肩駝背的壞習慣，也因為對自己的自卑，心情上時常備受煎熬，生活習慣越來越差，引發了便祕問題。

　　經由玉玲院長的神之手，形體梳理幫助我改善體態與身形，不僅找回了女性的動人線條，更徹底改善了駝背、聳肩與便祕困擾，自然而然散發氣質與魅力。

　　許多女性在婚後為家庭、為孩子付出與犧牲，最後丟失了曾經也是貌美如花的自己。玉玲院長教會我們打破框架，拋棄舊有思維，重新找到愛自己的方式。課程教導看似簡單，卻能同時提升身心靈，讓妳成為真正美麗的女人，玉玲院長是我目前遇過唯一能真正提升女性身心靈的導師。

　　當人人都有了知識、成就與財富，那麼氣質與優雅就會成為女人最強大且不可取代的武器。優雅儀態不只賦予妳好的體態，更能堆疊出女性的氣質與魅力。從儀態訓練開始，讓美成為一種習慣！

「生命就該浪費在美好的事物上。」玉玲院長，您不會再是一個人拓展高級儀態的事業，我要將這份美好成為我的理想與目標，讓更多台灣女性找回自己的美。

13. 台中企業家夫人／楊詔雯

這是一本全方位儀態指南，更是一本優雅美麗的聖經，不僅可以改變您的身形，更滋養了您的心靈。

形體梳理，從外讓我的身形線條更緊緻，從內幫助我改善胸悶症狀，在心靈層面上，我拋去舊有思維，格局視野更寬廣，並能時時刻刻保持正向心態，面對生活上所有大小事。

曾經的我只會一味地羨慕別人，羨慕身邊的人可以把人生活得如此精彩，也羨慕曾經參選世界夫人的玉玲院長，我的眼光始終落在他人身上，卻從未好好正視過自己。而如今，我不再嚮往別人的模樣，因為我自己就是一個發光發熱的女人。願有多大，力就有多大，世界夫人比賽指日可待，我相信自己也能夠站上這個舞台，在國際間散發魅力光彩。

玉玲院長猶如太陽般照亮我們，讓教室中每一個女人如同鑽石般璀璨。儀態訓練課程，可以幫助妳重新打造美麗與健康的基礎，從習慣開始養成，提升個人形象魅力。唯有身體力行，妳才能感受到這份神奇魔力！

愛的法則與美麗祝言

愛的法則

請你愛我之前先愛你自己，愛我的同時也愛著你自己；你若不愛你自己，你便無法來愛我。這就是「愛的法則」！因為，你不可能給出你沒有的東西，你的愛只能經由你而流向我，若你是乾涸的，我便不能被你滋養。

宣稱自我犧牲是偉大的，只是一個古老的謊言，貶低自己，並不能使我高貴，我只能從你那裏學到「我不值得」，而你，亦當如此！

生命如此脆弱，男人不一定會感激一個為家庭而容顏漸衰的妻子，卻一定不會拒絕一個時刻光鮮美麗的女人，所以，不管是 20 ＋ 30 ＋、40 ＋還是 50 ＋ 60 ＋ 70 ＋ 80 ＋……，依然要好好寵愛自己，而不是一味地向生活妥協，帶著滿臉皺紋、鬆鬆垮垮臉部和身材去迎接他人淡漠疏離的目光，要努力做個精緻的女人，高貴優雅到老。一個女人，如何幸福度過自己的

一生？是每個女人都會思考的命題。

生在一個女漢子遍地而生的年代，每個女人都面臨著諸多課題，想在事業上有自己的成就，就要在職場裏付出加倍的努力；想成為優質人生伴侶，需要練就上得廳堂下得廚房，具備精神同步共同成長的本領。要想成為一個好媽媽，還要有一顆強大的心，以及滿滿的愛。

在漸行漸遠的人生道路上，親愛的你不要忘記出發的初衷，愛自己才是終生浪漫的開始。

我說，這本書是一個神奇的地方。在這裏，可以喚醒身體、喚醒自己、喚醒身分、喚醒優雅、喚醒魅力、喚醒價值、喚醒幸福、喚醒夢想！

被滋養的女人內心是富足的，被滋養的女人是有愛的，有愛的女人是有能量的，有愛的女人才會把愛源源不斷給別人。

身體的痠痛喚醒了處於沒有與身體連結的自己，喚醒了被雞毛蒜皮淹沒的自己。不想這麼早就跟生活妥協，就要讓心靈重新變得敏感，卸下層層戒備，去感受最簡單的幸福，去相信世界是美好的，去追逐曾經的夢想！

這裡既沒有玫瑰花的嬌豔高雅，也沒有百合的鮮豔優美，但是隨著閱讀隨風飄揚的美麗，卻給人一種耐人尋味的感覺，

恰如普通卻不失光彩的你我她。

人與人之間，最大的吸引力，不是容顏，不是財富，也不是名譽和地位，而是你傳遞給對方的愛和慈悲、真誠和善良，是一種正向的能量。肯為別人引路，肯為別人發光，才是一生最大的幸福。

優雅無關年齡，美麗無關年紀，戴上皇冠，穿上華貴的儀態，提起你的笑容，輕插細腰，邁出你自信的步伐，你的美麗不該被限制。

一個女人的力量是渺小的，但當所有的女人匯聚在一起的時候，力量就凝聚成了光，照亮她，也照亮你。

有人說我沒有時間學習，我要照顧孩子；我必須節儉，沒有上班……我想說，作為妻子，作為母親，你都很好；可是……如果你的先生很優秀，那你一定要學習，否則你無法跟上他前進的步伐，就會很危險。

如果你的先生不優秀，那你更要學習，因為沒有依靠。

如果你的孩子不優秀，那你一定要學習，因為你是母親，你要引領他的思想。

如果你的孩子很優秀，那你依然要學習，因為你是母親，

你不能成為他的絆腳石。

一個家庭，母親智慧，興家旺族；

一個國家，女性智慧，興國安邦；

女性教育意義深遠。

我們願每位女性都能真正做到身心滋養、富足；

人生是一個舞臺，也是一個過程。

與其扣肩駝背，不如身姿挺拔；

與其塌腰挺肚，不如氣質優雅；

與其野蠻粗魯，不如柔軟豁達；

與其粗糙的活著，不如精緻的活著。

　　當你開始取悅自己，你的身心就會變得更加美好。在這個浮躁的時代裏，你的美好，對他人來說，充滿著賞心悅目的價值。只有取悅自己，別人才會來取悅你，而你的價值，才會讓他人更美好。

• 美麗祝言

我是一個在臺灣致力做女人教育成長、形體儀態優雅美學文化的一個傳播者，完全迎合了時代趨勢。並且，我就是幫助女人如何透過學習，優雅地生活，優雅地思維，優雅地行動，讓優雅的習慣和力量充斥在自己每天的生活裏，讓她們的生命得到很大的綻放和蛻變，活出一個屬於自己的魅力女神。

在堅持學習與美的道路上一路走來，雖然也遭遇過很多挑戰和困難，但因為自身之美以及打開的眼界、視野，讓我有機會可以站上「世界夫人」中國區總決賽以及全球區的總決賽，教導女人如何綻放。

美，對於女人來說，是一生的祝福，也是一生的追求。我希望讓更多的女人知道：一旦進入婚姻，走入家庭，有了孩子，不能只扮演相夫教子的身份角色，不能只圍著鍋臺轉、孩子轉、先生轉，可以透過學習，追求屬於自己的魅力和夢想。

我希望帶領更多的已婚女人，站上屬於自己的夢想舞臺，讓自己的人生、生活和生命變得與眾不同。我想把這個美麗的祝福、美麗的能量、美麗的機會傳播出去，讓更多女人加入，優雅地相遇，美麗地綻放。

　　記住，男人優秀，優秀一個人；女人優秀，優秀一個家庭，優秀三代人，甚至優秀一個民族！生命因母親而起源，世界因母親而精彩，女人不要放棄自己的成長和追求。

　　最後期待在我後續的訓練書再次與你相遇。

范玉玲 2022.04.02

成為優雅女人的關鍵——優雅說 魅力活
獻給所有女性關於形體、健康、儀態，魅力的觀念書

作　　　者／范玉玲
美 術 編 輯／申朗創意
責 任 編 輯／劉佳玲
企 畫 選 書 人／賈俊國

總　編　輯／賈俊國
副 總 編 輯／蘇士尹
編　　　輯／黃欣
行 銷 企 畫／張莉滎・蕭羽猜・溫于閎

發　行　人／何飛鵬
法 律 顧 問／元禾法律事務所王子文律師
出　　　版／布克文化出版事業部
　　　　　　115 台北市南港區昆陽街 16 號 4 樓
　　　　　　電話：(02)2500-7008　傳真：(02)2500-7579
　　　　　　Email：sbooker.service@cite.com.tw
發　　　行／英屬蓋曼群島商家庭傳媒股份有限公司城邦分公司
　　　　　　115 台北市南港區昆陽街 16 號 5 樓
　　　　　　書蟲客服服務專線：(02)2500-7718；2500-7719
　　　　　　24 小時傳真專線：(02)2500-1990；2500-1991
　　　　　　劃撥帳號：19863813；戶名：書蟲股份有限公司
　　　　　　讀者服務信箱：service@readingclub.com.tw
香港發行所／城邦（香港）出版集團有限公司
　　　　　　香港九龍土瓜灣土瓜灣道 86 號順聯工業大廈 6 樓 A 室
　　　　　　電話：+852-2508-6231　　傳真：+852-2578-9337
　　　　　　Email：hkcite@biznetvigator.com
馬新發行所／城邦（馬新）出版集團 Cité (M) Sdn. Bhd.
　　　　　　41, Jalan Radin Anum, Bandar Baru Sri Petaling,
　　　　　　57000 Kuala Lumpur, Malaysia
　　　　　　電話：+603- 9056-3833　　傳真：+603- 9057-6622
　　　　　　Email：services@cite.my
印　　　刷／韋懋實業有限公司
初　　　版／2022 年 08 月
初 版 三 刷／2024 年 04 月
定　　　價／380 元
I S B N／978-626-7126-19-6
E I S B N／978-626-7126-23-3（EPUB）

城邦讀書花園　**布克文化**
www.cite.com.tw　www.SBOOKER.COM.TW

國家圖書館出版品預行編目 (CIP) 資料

成為優雅女人的關鍵——優雅説 魅力活 獻給所有女性關於形體、
健康、儀態、魅力的觀念書 / 范玉玲作 .-- 初版 . -- 臺北市：布克文
化出版事業部出版：英屬蓋曼群島商家庭傳媒股份有限公司城邦分
公司發行 , 民 111.08

ISBN 978-626-7126-19-6（平裝）
1.CST: 姿勢 2.CST: 儀容 3.CST: 生活指導

425.8   111003692